周天泽　编著

流光溢彩的分子世界

U0297964

Molecule

河北出版传媒集团
河北科学技术出版社

图书在版编目（CIP）数据

流光溢彩的分子世界 / 周天泽编著 . — 石家庄 : 河北
科学技术出版社 , 2012.11（2024.1 重印）
（青少年科学探索之旅）
ISBN 978-7-5375-5542-5

Ⅰ . ①流… Ⅱ . ①周… Ⅲ . ①分子—青年读物②分子
—少年读物 Ⅳ . ① O561-49

中国版本图书馆 CIP 数据核字 (2012) 第 274607 号

流光溢彩的分子世界

周天泽　编著

出版发行	河北出版传媒集团　　河北科学技术出版社	
地　址	石家庄市友谊北大街 330 号（邮编: 050061）	
印　刷	文畅阁印刷有限公司	
开　本	700×1000　1/16	
印　张	12	
字　数	130000	
版　次	2013 年 1 月第 1 版	
印　次	2024 年 1 月第 4 次印刷	
定　价	36.00 元	

如发现印、装质量问题，影响阅读，请与印刷厂联系调换。

前　言

在2002年10月，俄罗斯发生了震惊世界的人质事件。在俄罗斯人质事件中，特种部队使用一种催眠气体以麻痹恐怖分子，使歹徒很快就失去抵抗力，成功地救出了大部分人质。纽约世贸中心大楼的坍塌，则使人怀念起半个世纪前帝国大厦遇撞时的复合材料分子创造的奇迹。

继19世纪末伟大的科学家诺贝尔研发了威猛无比的炸药分子，开创了人类战胜自然、利用自然的新局面以后，20世纪科学英才辈出。卡洛泽斯从羊毛的优良制装性能中受到启发，模拟它的分子结构，发明了耐磨能力超过羊毛20倍的合成纤维尼龙66，编织了衣料的五彩梦，实现了分子"改性"的新境界；性爱的秘密自古就受到人们的关注，被称为绝对隐私，布特南德从成吨的尿中分离出毫克级，即亿分之几的性激素和许多昆虫的信息素，揭示了这一大功能化学分子的奥秘；截至2002年10月，国际象棋人机大战打成平手，机器智能的发展真叫人惊叹，这是硅器材料分子的卓越贡献；我国长征号火箭运载卫星入轨成功，为载人登月打下了坚实基础，当火箭像凤凰一样从火中喷发而出时，这应感谢烧蚀材料分子的异彩。正是由于人们不辞辛劳深入掌握了物质的性能与组成它的分子结构之间的关系，才完成了许多创造新物质的壮举，给学习自然、模拟自然、保护自然的伟大事业以

巨大推动，大大提高了人类文明的水准。

到2002年底，人类得到了3000多万种化合物，每种化合物就是一种新分子，其中必有许多闪光的"明星"，要利用它们关键在于揭示它们的神奇结构。而这方面正是科学研究的薄弱环节，有大量亟待开垦的新领域。十年树木，百年树人。学习科学前辈们在研究神奇的分子结构方面走过的光辉道路中创造的业绩、经验和方法，领会他们的光辉思想、风格和精神，一定会使你更富有智慧、力量和勇气。

周天泽

2012年10月于北京

目 录

一、分子的魅力

在一些高水平的国际空港里，人们常见可爱的獴在旅客的行李边钻来钻去，这是怎么回事呢？原来，它们是海关警察专门训练出来的"缉毒员"。獴的嗅觉特别好，行动比狗灵敏得多，当它嗅出哪只箱子里有毒品，就会尖叫着通知警察，罪犯就插翅难逃了。在电视片或作案现场，常会看到警犬在奔忙。在国际市场上一条普通警犬售价达4000美元，有的要上万美元。它能根据指令搜索、追捕罪犯，缉查毒品。现在又训练出了各类警鼠，它们个头小、动作灵活，在车站、码头行动更方便。公安部门在通道口装上鼠笼，如果旅客携带有炸药、汽油或海洛因等，只要空气中有一丝异味，警鼠就会立刻用骚动和狂叫来报警。

它们为什么会有这么大的本事呢？就是因为它们的鼻子特别灵敏。科学家们对狗鼻进行过专门研究，发现它能分辨200多万种物质的气味。

这是为什么呢？类似奇妙的事情真可叫人多少有些感到莫测高深。会看戏的看门道，不会看戏的看热闹。实际上，

从遥远的古代起，人类就对类似的问题发生了兴趣，它以其特有的魅力吸引着人们的追求，有关它的研究就成为人类智慧之树上的朵朵鲜花。

● 物质本源探索

现实生活是智慧的源泉。《西游记》第24回有个人参果的故事，说这种果子"遇金而落，遇木而枯，遇水而化，遇火而焦，遇土而入"。金、木、水、火、土都有了，也就是从公元前700多年的春秋战国时代开始盛行的"五行"说，人们认为这几种物质是构成宇宙万物的五种最基本形态，因为它们是现实生活最常见的。那么，组成这些物质的构件是什么呢？人们从聚少成多、积土成山等生活经验中得到启发，认为组成物质的原始东西是那些小到不能再小的粒子。我国古代的《墨经》中记载："端，体之无序而最前者也。"意思是说，物质分割到最后的东西，也就是事物的初始，物质的本源。《中庸》中也明确指出："语小，天下莫能破焉。"意思是指，所谓小，就是不能再分割了。真是英雄所见略同。今天，我们再来倾听这些历史的回声，似乎感受到了这些远古思想家们的认真探索精神。

古代的西方人经历了与我们的祖先对世界认识相似的道路。2000多年前，古希腊有位名叫德谟克利特的哲学家提出了原子学说，他被誉为"古原子论"的奠基者。德谟克利特认为，原子是永恒的、不可改变的和不可毁坏的构成物质的最小微粒；原子不是单一的，构成物质的各种各样的原子在外形、大小等性质上不同。像水的原子是圆的，这才使水具有流动性，并且没有固定的形状；火的原子是多刺的，使

"会讲笑话的哲学家"德谟克利特

人产生烧灼感；土的原子是毛糙的，它形成的物体很坚固……自然界物质的变化不过是原子的聚集、排列和分散罢了。也许是由于这个理论很有趣，所以德谟克利特有一个绰号，"会讲笑话的哲学家"。在我们今天看

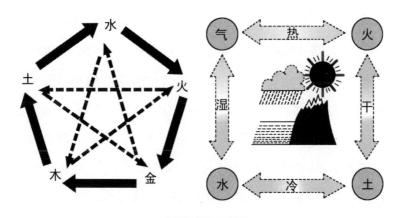

古代元素论示意图

来，这些朴素的思想和朦胧的说法中，包含了元素、原子和分子等概念的萌芽，代表了人类文明的黎明时期对物质本源进行的英勇探索。

● 道尔顿的历史贡献

到17世纪，由于航海、造船、纺织、冶金业的迅速发展，人们已不能满足关于微粒、原子和元素概念的空洞议论，迫切要求建立科学的物质本源理论。例如，为了提高燃烧的效率，不能光谈火与木的作用，而要弄清哪种燃料更有效、更耐烧；为了提高金属的强度，需要了解和比较不同金属的性质等。1650年法国科学家伽桑狄关于原子学说的论文，首创分子一词，澄清了原子和分子的模糊认识，他指出，原子是不可分的终极粒子；而分子是独立存在的物质的最小单位，它是可分的。随后，英国化学家波义耳起来支持这种观点，他在1661年发表的划时代著作《怀疑派化学家》中说："宇宙中由普通物质组成的混合物体的最初产物实际上是可以分成大小不同而形状千变万化的微小粒子，这种想法并不荒谬。"他的同时代人，英国著名科学家牛顿全盘接受了这种思想，于1687年出版的著名的《自然哲学的数学原理》一书中进一步发展了物质结构的微粒说，特别是光的粒子论。波义耳和牛顿的工作对后来科学的分子-原子学说

英国科学家波义耳

的建立有重大推动作用。科学的想法是科学的生命，基础理论每前进一步，都能给整个科学特别是技术的进步以巨大动力。但是伽桑狄、波义耳、牛顿的粒子学说要真正成为科学的基础，还有许多问题亟待解决。

做出第一个重大努力的是波义耳，他对古希腊尤其是亚里士多德以来的已成定型的传统观念提出质疑，首次在实验的基础上提出，"元素是指某种原始的和完全纯净的简单物质"，树立了科学的元素概念的第一个里程碑。他还明确

指出，化学应当用实验方法和科学观察而不是用抽象的空谈和冥思苦想的臆测来建立自己的"理论"。这实在是一件大事，一石击起千重浪。波义耳的这种实证科学精神，给后世的科学家以重大的影响。18世纪的工业革命进程，特别是蒸气机、轮船的发明，促进了动力研究，呼唤着新的燃烧理论。法国化学家拉瓦锡的燃烧氧化学说，总结了波义耳后100年的科学进展，这标志着化学发展的新阶段。拉瓦锡在一篇论文中提出了"元素是用任何方法都不能分解的物质"的新概念，并列出了人类历史上第一张包括33种元素的化学元素表。在这些前人卓越成就的基础上，英国科学家道尔顿通过自己的实验，总结了当时已知的各种化学反应特别是气体反应间的关系，提出了科学的原子论，为揭示物质本源的科学的分子—原子学说的建立做出了历史性的贡献。

200多年前，道尔顿出生在苏格兰一个穷乡僻野的贫苦家庭，父亲是纺织匠，具有刻苦耐劳的品质，母亲出身于自由民家庭，有着刚毅和热忱的性格。道尔顿10岁起就在一富家当小工，由于聪明勤奋，很得主人的喜爱，并且热心地教他数学。他还被推荐做了乡村教师，就这样，道尔顿一边干活，一边刻苦自学。20岁时，他就学完了许多大学课程并熟练地掌握了多种外国语。他还兼做气象预报员，从青年时期开始，道尔顿就对大气的研究产生了浓厚的兴趣，他常常是在业余时间背起自制的简陋仪器爬山，在山上不同高度观测、收集气象资料。就这样，从21岁开始，他坚持每天记录，直至去世，持续57年之久，观测记录达2万多次。道尔顿把自己的成就谦虚地归结为"不屈不挠"，这是从母亲那里继承的优秀品质。他认为自己并不才华横溢，但有伟大的独立精神，这使他能把自己的卓绝心智用在看来烦琐的问题上，促使他进行创立原子学说所必须的实验和资料整理。经过20多年的努力，他终于取得了丰硕的成果。

英国科学家道尔顿

1803年10月21日，在科学史上是一个值得纪念的日子，道尔顿在一次学术会议上首次提出了复杂原子（也就是后来的分子）的新概念和第一张相对原子质量表。随后在1808年他发表了《化学哲学新系统》一书，系统地阐述他提出的新原子学说：元素的最终组成为原子，它在所有的变化中保持本性不变；每种元素以其原子的质量为基本特征，同种元素的原子质量及各种性质均相同；不同元素的原子以简单整数比相结合，形成复杂原子，其质量为所含的各种原子质量之和。道尔顿还通过实验确定了37种原子如氢、氧、氮和水、氨以及醇、糖等，醇和糖就是他所说的复杂原子。道尔顿的

原子论不是哲学上的原子论，也就是说不是古代的那种哲学猜测，而是科学研究的结果，是可用实验重复验证的。

● 气体实验引出大难题

科学的发展史是最为宝贵的，它镜鉴人们以智慧、力量和勇气。前面提到原子学说经过2000多年的发展，到道尔顿终于建立了科学原子论，其弥足珍贵的是，除一般的原子理论外，他还贡献了"复杂原子"的新概念。好一个复杂原子！它不就是分子吗？我们的主角已经登上历史舞台了，虽然是"羞答答的，披头散发的，还没有正式名号"，人们还不易识别其真容，但它终于出场了。但要真正把分子的内涵揭示出来，更需要科学的敏感。遗憾的是道尔顿没能完成有关分子研究的历史任务。科学的接力棒传到稍后的一批杰出人物的手中，继续前进。

有意思的是，道尔顿在通过气体的实验提出原子论的同时，法国化学家盖·吕萨克也正在热情地研究各种气体物质反应时的体积变化。他对气体研究情有独钟，几乎达到痴迷的程度。1802年，24岁的盖·吕萨克发表了气体热膨胀定律，也就是关于温度对气体体积的关系定律，并计算了数十次的实测结果，得出各种气体的体积膨胀温度系数为0.003 75。这个数据在以后的100多年经许多科学家无

数次重复检验，与最终确
定值0.003 67的相差真是很
小。由于气体实验特别难
做，这个结果实在是科学史
上的一曲极其美妙的数据实
测之歌。盖·吕萨克的这个
实测与他稍后获得的其他成
果，对分子概念的确认都很
有启发。

法国科学家盖·吕萨克

盖·吕萨克曾两次自制
氢气球进行高空探测，第二
次他独自一人飞上海拔7016米的高空去采集空气样品，带
回实验室分析。结果证实了氮、氧、二氧化碳和水蒸气是各
地空气的共同组分，而且和地面的没有两样。盖·吕萨克的
精彩工作是1808年12月31日发表的与德国化学家洪堡特共
同完成的气体反应定律。原来在1803年，为了研究气体氢
与氧化合成水的比例关系，他们重新验证了24年前著名的
英国实验家卡文迪什做过的氢气与氧气化合生成水的实验。
当用100体积的氧气，跟过量的氢气反应生成水蒸气时，所
消耗的氢气是199.89体积；当所用的氧气过量时，也恰好
是199.89体积氢气消耗100体积氧气。这个实验结果说明，
化合成水的氢气与氧气的体积比约为2∶1。一个优秀的科学
家，为了得到可信的结果，总会不只一次进行重复测定。

盖·吕萨克和洪堡特改变条件进行了12次测定，证实参加化合反应的氢气和氧气的体积比确实是2∶1。1805年他们联名发表了这一成果。

不过，不要高兴得太早了，这仅仅是研究工作的开始。科学要求观察的全面性，这很像律师为了辩护尽可能充分地收集证据一样。盖·吕萨克想，是否其他气体化合时，它们的体积比也是简单的整数比呢？这不能靠空想，富有科学实证精神的科学家总是用实验事实来说话的。说干就干，又经过3年的努力工作，他们对氧气和一氧化碳、氢气和氯气、氨气和氯化氢等当时已知的多种气体参加的反应进行细致的研究，发现这些气体相化合的体积也都是呈简单的整数比。整数比，整数比，又是一串整数比。这是为什么呢？不错，科学要求研究者首先在积累事实上下功夫，没有事实就什么也没有。许多著名的伟人教导我们，事实是科学的空气，没有事实，你的理论的鸟儿永远也飞不起来。但盖·吕萨克知道，科学家不应该是事实的保管人，而应当分析事实、对比事实、研究事实，力图发现支配事实的奥秘。现在奥秘何在呢？

盖·吕萨克还注意到，前面只是从反应物着眼，是反应物的体积关系，再看看生成物的情况如何呢？他大吃一惊，有些气体化合反应的生成物的体积出乎意料：如2体积氢气与1体积氧气反应生成2体积水蒸气；1体积氢气与1体积氯气反应生成2体积氯化氢气。而按照惯常的设想，它们都应该是1体积才对。因为既然氢、氧两种气体化合成水的体积比是2:1，那么水中氢、氧两种原子的个数比也应是2:1。这样，根据盖·吕萨克新完成的气体反应定律，氢气、氧气和生成的水蒸气的体积比应为2:1:1，但实验结果却是2:1:2。氢气与氯气反应生成氯化氢气体的情况也与上相似：氢气与氯气的反应物体积比为1:1，说明氯化氢中氢、氯两种原子的个数比应为1:1，氢气、氯气和生成的氯化氢气体的体积比应为1:1:1，但实验结果却是1:1:2。即水蒸气和氯化氢气的体积都比预期的大1倍，这个矛盾如何解决呢？

● 被冷落了半个世纪的伟大发现

为了解决这个问题，盖·吕萨克当然想求助于道尔顿的原子论。他认为很可能是由于化合时气体的原子个数的整数比才导致化合时反应物气体体积以及反应物和生成物气体体积之间呈整数比，他殷切希望能得到当时负有盛名的大科学家道尔顿的指点和支持。如果盖·吕萨克的实验是正确的，而同体积气体中的原子数目相同的话，就意味着"水原子"和"氯化氢气体原子"都应当分成两半。但这是不可能的，因为原子不能再分是道尔顿原子论的基础，也是千百年来人们对原子认识的定论。许多科学家，特别是道尔顿怀疑盖·吕萨克的实验结果。当然，事实胜于雄辩，盖·吕萨克是一个优秀的实验家，他的结果是毫不含糊的，经得起一次又一次检验。

问题出在哪里呢？原来盖·吕萨克提出气体反应体积定律时，根据他多年对气体性质的研究，很快就想到，气体体积的大小必然跟气体中所包含的原子数目有关。他猜测，在相同温度、相同压力下，相同体积的气体应含有相同数目的原子。在科学中是允许猜想的，高明的猜想是科学家的敏感，而科学敏感是科学家的宝贵品格。但无论多么美好的聪明猜测，也需要经过实验的验证。因为只有实践才是检验真理的唯一标准。

当事者迷，旁观者清。当大名鼎鼎的道尔顿的原子论与准确无误的盖·吕萨克的实验事实之间争论得不可开交时，1811年意大利的法学博士、物理学家阿佛加德罗提出了一个很好的解决办法。这一年他用法文发表了一篇关于分子概念的重要论文，随后一直到1814年的3年间，他以"论物质的一般结构"为题连续发表了5篇论文。阿佛加德罗认为，盖·吕萨克的实验是不容否认的事实，而道尔顿坚持的某些纯净气体如氢气、氧气、氯气等必定由单个原子组成则根据欠缺，必须予以修正。怎么修正呢？阿佛加德罗指出，如果引入分子概念，并假定氢气、氧气、氯气等单质的分子都是由两个相同的原子组成的话，一切矛盾都迎刃而解了。

阿佛加德罗在自己的论文中清晰地阐述了他的观点：一切物质，无论是单质还是化合物，都是由分子组成的；

分子则是由原子组成的；单质分子由相同原子组成，化合物分子则由不同的原子组成；原子是参加化学反应的最小微粒，分子则是物质独立存在的最小微粒。在引入分子概念后，阿佛加德罗还进一步修正了盖·吕萨克的假说，即在同温、同压下，相同体积的任何气体，都

意大利科学家阿佛加德罗

含有相同数目的分子（而不是原子）。这就是当时的阿佛加德罗假说，后来被证实的阿佛加德罗定律。这一定律不仅把道尔顿原子论与盖·吕萨克的气体反应定律统一起来，还成为日后利用气体密度测定相对分子质量的理论根据。下面就是他当年测出的几种气体的相对分子质量（括号中的是现代的数据）：氢气2.01（2.016），氧气32（标准，32.00），氮气28.02（28.02），氯气72.01（70.90），水蒸气18.016（18.016），二氧化碳44.28（44.01），氯化氢36.72（36.458）。你看，两者符合得多好，这简直是相对分子质量测定的史诗，谁能不为之赞叹呢！谁不会举双手欢呼阿佛加德罗的成功呢！

　　然而好事多磨，令人遗憾的是，这么一个极有价值，对物质结构理论作了重大发展，而且用当时和今天的观点来看，对道尔顿和盖·吕萨克两家都是双赢的理论，却受到了最不公正的待遇。它不但遭到盖·吕萨克的摒弃，也被道尔顿拒绝，在历史上竟被冷落了整整半个世纪。任何人犯错误都是叫人感到遗憾的，而一些伟人犯错误就更叫人倍加痛惜。道尔顿和盖·吕萨克所犯的错误，既是他们终生的遗憾，更是化学乃至科学界的不幸。

● 康尼查罗的拨乱反正

　　从道尔顿的原子论发表以来，到1860年的52年中，化学界发生了许多大事：英国化学家戴维在电解法制得一系列碱金属的基础上提出了电化学说，把物质的结构和电性联系起来；瑞典化学家贝采里乌斯用元素的拉丁名的起首字母代替道尔顿不方便的圆圈儿，统一了化学元素符号，他分析了2000个矿物，测定了近30种元素的相对原子质量，提出了影响很大的二元学说，他认为物质是由电正性和电负性两者结合而成。德国化学家孚勒从氰酸铵制得尿素，开创了有机化学研究的新阶段；在19世纪上半叶最著名的德国化学家李比希的努力下，有机化学有了很大进展；法国化学家杜马提出了类型论，指出各种不同的类型是物质结构的基础……这段时期，化学元素的发现捷报频传，很快达到60种；化学论文如雨后春笋，相互批评的匿名文章也常见于各种杂志。成就多，争论也多，莫衷一是。在这种背景下，1860年，也就是阿佛加德罗逝世后的第四年，在德国的卡尔斯鲁厄召开了一次有100多位世界知名的化学家参加的国际化学会议，目的在于澄清各种混乱，取得共识。

瑞典科学家贝采里乌斯

　　问题在哪里呢？科学家们发现主要在化学式和相对原子质量的确定上。例如有人用OH来代表水，也有人用它来代表过氧化氢；有人用CH来表示乙烯，也有人用它来表示甲烷；甚至在1850~1860年的10年间，醋酸的化学式就出现了13种，而且各家都有各自的理由。相对原子质量的标准很不一致，有的用氢为1作标准，有的用氧为100作标准；就是同一标准，各家的数据也很不同，例如，磷分别有26.8、62.77、31.43三种相对原子质量，砷则有134.38、150.52、75.33等几种数据。在这种情况下，不少有名的化学家对相对原子质量的测定表示怀疑，对轰动一时的道尔顿的原子学说也缺乏信心。有的化学家把这52年称为化学史上的"混乱时代"。

　　这个"混乱"该如何澄清，由谁来拨乱反正呢？这是当时与会者最关心的问题。会上化学家们就化学式、相对原子质量等问题争论十分激烈，难于取得统一意见。会议最后无奈地决定，每位化学家继续用他爱用的化学式和原子论系统。在会议的角落坐着一位30岁出头的意大利化学家康尼查罗，他不急于参加争执，而是在认真思考，他竭力要找出各方分歧所在。康尼查罗虽然并不出名，但他已有很多成就：年轻时就钻研有机合成，提出了以他名字命名的制造香料的反应；在测定许多挥发性物质的相对分子质量方面，成果尤其丰富。他在自己的工作中认真研究了刚刚去世的同胞谦逊的阿佛加德罗的论文，并在两年前就写成了《化学哲学教程大纲》的小册子，认定当前科学界混乱的症结恰恰就是未能接受分子和相对分子质量等概念造成的。会后，他给每位与会者送了这个小册子请求指正。科学的道路的确是曲折的，但真理的声音总会传出来的。

意大利科学家康尼查罗

　　康尼查罗的这篇论文，使50年前阿佛加德罗的分子假说重现了。他据理重申了阿佛加德罗关于原子和分子必须加以区别的论点；坚决纠正了道尔顿关于单质是由单个原子组成，及许多化学家头脑中的电化学二元论传统观念，认为同种原了只能相斥而不能结合的错误；具体介绍了他根据阿佛加德罗的分子概念，由气体密度所测得的7种单质如氢、氧、氯等和3种化合物水、氯化氢和醋酸的相对分子质量；明确指出了在测定相对分子质量的基础上确定化学式和相对原子质量的合理途径。康尼查罗也不是原封不动地重复50年前阿佛加德罗的观点，而是根据自己的新实验对其加以分析，取其精华，舍其谬误，从而使之更加完善。例如，他测出氧气与臭氧相对分子质量不同，温度高于1000摄氏度与低于此温度时硫的相对分子质量也不同。根据这些新事实，他明确指出，阿佛加德罗关于一切单质气体分子都含有相同数目的原子的说法是不全面的，是错误的。

心有灵犀一点通，康尼查罗的论文在化学家中引起强烈反响。有位看过这本小册子的科学家感慨地说："我一连读了几遍，觉得这篇论文对大家争辩的问题，都能给以启示。"一位日后在元素周期表研究中作出过重大贡献的德国化学家迈耶尔读过后说："眼前的阴翳消失了，怀疑没有了，使我有一种安定的明确的感觉。"他还把康尼查罗的观点作为稍后出版的他的经典著作《近代化学理论》的基础，许多化学家都是从这本书中获知阿佛加德罗的理论和康尼查罗的见解的。

由于康尼查罗的出色工作，在道尔顿原子学说和阿佛加德罗分子学说的基础上提出的分子—原子学说，终于得到了科学界的公认。分子—原子学说的建立，在科学界澄清了错误认识，统一了分歧意见，理顺了许多定律之间的关系，使化学这门科学冲破难关，获得了新的重大发展，使整个科学大厦的基础更加牢固，为19世纪下半叶物理学的迅速进步开拓了新方向。

● 分子真的存在吗

康尼查罗推动建立的分子—原子学说，在理论上的确说服了当时的科学界，但是科学要求实证，也就是要求实践，实验能直接证明一种猜测或理论。的确，谁也没有看见过分子和原子，也不知道构成我们周围的物质如水、盐、糖

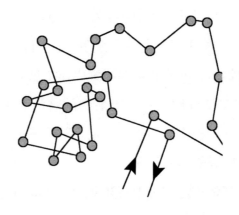

布朗运动示意图

的最小微粒究竟是什么。这些在科学家们的头脑中仍是一个疑问。1827年英国植物学家布朗报告他在显微镜下观察到漂浮在水中的花粉的微粒在做颤抖的直线运动。他还进一步考察了各种物质如煤、灰尘、植物、树脂等，只要弄成足够小的微粒，都会发生这种运动，这就是布朗运动。布朗微粒是不是就是科学家们日夜想见到的分子呢？这个问题难倒了19世纪的所有科学大师。1905年大科学家爱因斯坦对布朗运动进行了深入研究，对此做了否定回答。他经过严密的数学计算，认为布朗运动是分子不规则运动的结果，微粒受到介质（通常是水）分子的撞击不平衡，因而运动，但不是分子本身运动。爱因斯坦认为真正的分子要比布朗微粒小得多。但无论如何，布朗运动仍然是分子存在的有力证据。

19世纪末20世纪初由于放射性元素的发现，电子的发现等直接冲击了分子-原子学说的基础，表明原子是可以分割的；而能量的研究及其他理论研究取得了很多成果，于是科学界流传着物质消失了，只剩下能量，物质是没有的，只有感觉还存在等论调。例如，有的人提出，我们吃的苹果是由红色、绿色、硬、酸味、甜味、圆形等按不同比例组成的，科学就是要研究这种感觉的比例，而不是研究苹果这种物质本身。有许多科学家都持这种论点，造成科学界思想上的很大混乱。这样，就迫切需要证实分子的真实性，取得分子存在的第一手材料。法国科学家佩兰在1908~1910年通过3年的努力，出色地完成了这个历史任务，他也因此于1926年获得

法国科学家佩兰

诺贝尔奖。

佩兰的工作是以爱因斯坦对布朗运动的研究为基础的，即在地球引力作用下粒子（也称为质点）随高度而分布不同。例如，空气的压力随离地面的距离增加而减小，大气层所处的位置愈高气体的分子浓度也愈低。假如人们在统计各个质点数的实验中，能够证明按照分子运动论计算的正确性，那么分子存在的真实性也就被证实了。

分子太小，看不见，摸不着，佩兰用比分子大的小颗粒克服了这个困难。他用某些树脂如藤黄经过仔细研磨，制得了半径几乎相同的小球，它们很容易在显微镜下看到。知道小球的半径与制造材料的密度，容易算出其质量。把这些小球与水（或其他液体如甘油，作实验介质用）在小玻璃箱中混合，它们起先均匀填充在整个容器中，放置一段时间后就按高度建立起质点的平衡分布。用显微镜计数不同高度单位视野内的质点，可以核对结果是否与爱因斯坦的理论要求相符。

这个研究中最困难的是制备一定大小的微球。佩兰写道："我必须加工1千克藤黄，才能在数月内获得一部分约数百毫克所希望的小颗粒。"实验在很不相同的条件下进行：温度在-9~55摄氏度，介质黏度为1~330，小球质量在1~7000内变动等。条件变得越多，结果将更可靠。佩兰顽强而耐心地工作着，科学研究就需要这种执著精神。他计数了很多不同高度的小球，例如在一个用半径为0.21微米的藤黄小球的实验中，在离器底5、35、65及95微米处计数。按照理论，在这些高度上的质点数在给定条件下应呈100:48:23:11分布。在实验过程中，总共数过13000个小球，并且按照高度求得的相对分布为100:47:23:12。佩兰的结果无论在质点按高度分布方面，或在考验由分子运动学说推引出来的其他结构方面，都与理论要求出色地一致。至此，经过各代科学家100多年的努力，人们再也不怀疑分子—原子学说了，奇谈怪论也消失了。

不过，如果你认为分子已研究得差不多了，科学该停

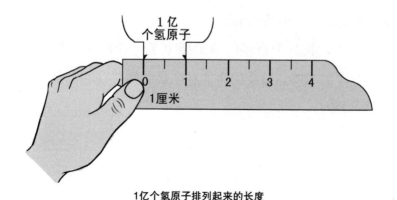

1亿个氢原子排列起来的长度

滞了，那就错啦！不断进取是科学的宝贵特点。人们在不倦地追求新的成果，力图直接看到分子和原子。想当年，观测布朗运动用的显微镜只能放大300倍左右，佩兰所用的光学显微镜效果好些，可放大1500倍，但并没有本质的不同，他们未能实现科学家们的夙愿。1955年，美国宾夕法尼亚州立大学的研究人员发明了能将针尖大的物体放大500万倍的场离子显微镜，人们才第一次看到了单个原子的形貌。1977年日本东京大学的科学家，用500千伏的电子显微镜拍摄到了氯化铜-酞菁染料的分子照片。这些观测结果告诉我们：原子、分子是很小很小的，一般原子的直径不到1厘米的亿分之一；分子的体积比原子大一些，一个水分子的直径是2.8×10^{-8}厘米，即使将1亿个水分子排成一列长队，也只有一粒花生米那么长。1982年IBM公司研制成功了扫描隧道显微镜（STM），它可以观察到单个原子在物质表面的排列，此成果获得了1986年诺贝尔奖。20世纪90年代中国科学院化学所的科学家们用自行研制的扫描隧道显微镜观察到了磷脂头在细胞膜表面的排列情况。

这样，长达千百年的争论结束了。任何物质都是由原子、分子组成的，分子的真实存在是无庸置疑的，分子的魅力是永恒的。

二、奇妙的分子杰作

分子是那样小，但它们竟然支撑了我们庞大的物质世界。一株幼苗能长成参天大树，一个正六边形标志了化学学科，五光十色的染料，夷山毁城的威猛炸药以至具有生命活性的遗传物质，都是分子的杰作。

● 水分子不平凡的历史

古代的哲学家、炼金者乃至17~18世纪的科学家们都认为，水是构成世界的最重要的元素之一。那么，水究竟有多重要呢？一株幼苗能长成参天大树，靠的是什么？在当时流行于科学界的实证精神的推动下，17世纪比利时科学家霍尔蒙特设计了著名的"柳树实验"。他用一个大桶装上烘干了的不含水分的土壤100千克，用雨水浇湿，铺平后在上面种了一棵2.5千克的柳树幼苗。在这以后，只往土中浇雨水，不上肥料。5年后柳树长大了，重量比刚种下时增加了82千

克，而且还不算这5年中有4个秋天的落叶。他把桶里的土壤烘干了再称，只比原来的重量减轻了0.1千克。所以霍尔蒙特认为这82千克的木头、树皮、树根只能是由水产生的。他之后的200年间有不少科学家重做过这个实验，结果都相似。今天来看，这个结论大体也正确，因为树木大部分由水组成，霍尔蒙特虽然没有考虑到光合作用，但他精心设计的这个柳树实验，对后来的科学家还是很有启发的。

自古以来，水的重要性不言而喻，到1860年科学界公认用H$_2$O来表示水分子，它的经历可真不平凡。在18世纪后期时，人们还将水当作一种元素。1781年英国科学家普利斯特利将可燃气（即氢气，那时人们还不知道氢气是一种单质）与空气混合，通上电火花，发现瓶底有些液体，但他对这个"无目的实验"成果不甚注意。英国实验家卡文迪什约在同时也做了此实验。他用32升可燃气和两倍半的空气混合燃烧，得到了9克的液体。这些液体究竟是不是水，还得通过实验来证明，为此他用可燃气与纯氧气重做实验。经过3年的努力，他终于弄清了最初得到的液体不是纯水而是硝酸，因为空气中含氮，通电火花时氮被氧化了。他的结果尚未公布时，他的助手就将他们的实验结果告诉了法国化

英国科学家普利斯特利

学家拉瓦锡，拉瓦锡马上重复了这个实验，证明了水是氧与可燃气的化合物。因为可燃气是组成水的主体，所以拉瓦锡将它取名为氢，这一结果很快被化学界所接受。拉瓦锡认为倘若水是氢、氧所组成的，则将水中的氧取去之后，应当可以再得到氢气。为此，他使水蒸气通过红热的

拉瓦锡在实验室

铁管，即有一部分水分解了，用冰水使未分解的水凝聚，所余气体与可燃气即氢气完全相同。至此，水是由氢、氧两种元素化合而成的，而并不是过去传统所说的一种元素得到了化学界的公认。后来，人们研究了不同地区、不同形态的水样，只要将它们预先蒸馏制成纯水，都得到相同的结果。

氢、氧在水中各占多少？人们进行了艰苦的探索。卡文迪什作了最早的定量研究，他发现423体积的氢气恰好与1000体积空气中的氧化合，亦即423体积的氢与209体积的氧化合，此值与2:1相近。24年后，盖·吕萨克等做了更精确的

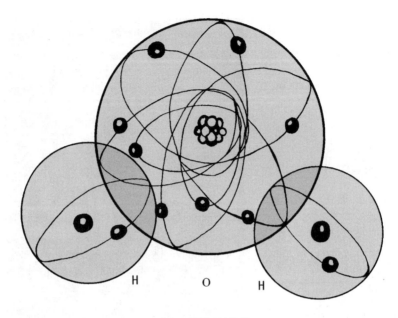

水分子的原子结构图

实验，我们在前面已经提到，比例与2:1也极其相近。又过了15年，1820年瑞典化学家贝采里乌斯利用氢与热的氧化铜反应以测定水中氢、氧质量的比例，得到1:8.01。1842年，法国化学家杜马重新精巧设计实验装置，例如原料气氢气中常含少量杂质（如硫化氢、水分等），经过8个U形管一一消除之后，方与反应物氧化铜接触，经过19次实验的结果，他测得水中氢、氧质量之比是1.002:8.000。这个结果被科学界承认了约50年。1893年得到的体积比是2.002 45:1.000 00，质量比为1.000:7.931。

由上可见，我们身边最普通不过的小小的水分子，人类对它的组成的认识却经历了100多年的时间。

● 化学大厦的标志

如今，我们在许多化学试剂厂或者与化学有关的标签、文书上都可看到一个正六边形的图案，这是苯分子的结构式，人们常称这是化学科学的形象和标志。

19世纪中叶，煤焦油的研究获得了很多成果，1845年德国化学家荷夫曼首次从煤焦油中提取了苯。他的老师李比希非常高兴，在他们所在的吉森大学的实验室里，决定对这种新化合物进行深入研究。1847年18岁的凯库勒进入吉森大学学习建筑。那时在德国的大学里，学术风气浓郁，学生们可以自由选课。凯库勒一有机会就去听那些著名教授的课，数学的、物理的、天文的各种课他都不放过。当他听了李比希的化学课后，被深深吸引了，并决定改行学化学。1824年，21岁的李比希就成了吉森大学的教授，他建成了德国第一个系统进行实际训练的学生化学实验室，他的名声传遍全世界，作为一个杰出的化学家和卓越的教育家，他的周围团聚着许多优秀的青年。当凯库勒跻身进入的时候，李比希的实验室正处在事业的巅峰时期。

到1858年，年轻的凯库勒不但在实际上掌握了丰富的化学知识，而且以其深刻的理论思维在同伴中著称。他首次提出了"芳香族"化合物这个重要概念来表述从煤焦油中新提取的一系列带有香味的化合物；他清楚地认识到碳是4价的，如在甲烷中那样和4个氢结合；他还引进了一个非常重要的基本思想，这就是碳原子之间可以连接（化学上叫成键），就像房屋间有走廊相通才连成一个整体，也许是他联想到建筑，并受其启发。这些都成了日后有机化学理论的基石。

有整整7年，他在繁忙的教学之外孜孜不倦地研究苯。他反复地做了有关苯的性质、制备的实验，发现苯实在是一个极为奇特的化合物：苯分子中碳和氢之比和乙炔一样，都是1:1，应当极不稳定，然而苯即使和高锰酸钾这种强氧化剂同煮，也不会被氧化；最重要的是苯分子中的6个氢是均等的，而不是其中的某一个氢最活泼。这种"均等性"说明什么呢？凯库勒在深深地思索。

一个重大成果即将产生了，行百里者半九十。凯库勒在日夜思考苯的化学结构式，寝食难安。有一次在书房中打盹，朦胧中他仿佛看见那些碳原子的长链像蛇一样盘卷着，忽然有一条"抓住自己的尾巴"。凯库勒写道："这个图像在我眼前萦绕不已，这不就是成环吗？""均等性"不就意味着苯环上的6个碳原子各连着1个氢原子形成一个正六边形吗？赶快记录下来！这就是凯库勒在1865年首次提出的苯的无键即未写上碳、氢原子数的六边形结构式。但他将碳、氢原子排入时，碳只有3价，显然高兴得早了点。又苦心琢磨

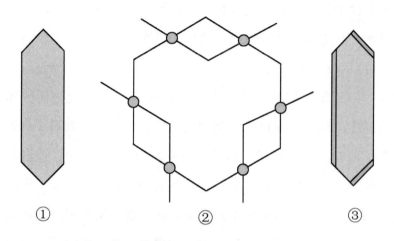

凯库勒的苯分子结构图

了1年，到1866年，他画了一个新的空间模型草图，解决了这个问题。就这样，经过8年的钻研，凯库勒首先引入了苯环概念，后来发现有很多化合物都含有这个结构单元。苯环的发现开辟了有机化学发展的一个新阶段。

1890年，在纪念苯环结构发现25周年的仪式上，凯库勒谈到了当年他的那个梦，因此，苯又被称为梦中发现的分子或梦幻的分子。梦中能够创造新思维吗？对这个古老的问题，有各种各样的回答，如日有所思，夜有所梦；南柯一梦等。过去对这个问题的回答大都是否定的。自1953年美国芝加哥大学的阿塞尔斯基和开勒特门两位生理学家发现睡眠有两种即有梦睡眠和无梦睡眠以来，人们开始了对人类睡眠本质的新认识。自20世纪70年代起，受计算机技术中存储和排序程序的启发，人们认为有梦睡眠阶段实际上是把每天收集

在头脑中的信息进行整理和归纳，并非像过去所认为的那样是神经细胞和大脑的休息。这样，凯库勒蛇咬住尾的梦就变得可以理解和可信了。

与凯库勒同时，甚至在此前，还有许多人也在研究苯的结构。例如，在1861年奥地利化学家洛希米特就第一个发表了苯的正确结构式，这要比凯库勒早4年。然而，遗憾的是他的这项成果被忽视了，这与他的个性和经历有关。洛希米特天性含羞、木讷而不爱抛头露面，他从未走出过奥匈帝国，也从不在重要的化学杂志上发表文章或在重要国际会议上讲演。因此，他的杰作就被埋没了。而凯库勒却是个世界闻名的教授，有多方面成就的学者，杰出的演说家，并且还是当时一本最广为传诵的教科书的作者。这些往事对我们今天的成长也许会有所启示呢！

● 色彩斑斓的分子

今天，我们的衣着能够五彩缤纷，应该感谢化学家们发明了各种染料。在现代战争环境下，为制造军事隐蔽材料，特别是地表隐蔽材料，染料的作用也非同小可。早在远古时，人们从万紫千红的花中提取了各种美丽的汁液。我国的染料和染技在《周礼》上已经记载得非常详尽，可见其在3000年前的发展盛况。被罗马人视为名贵的帝王紫染料是从地中海里的一种有壳鱼内取得的。还有许多染料如靛蓝、茜素，是从植物或动物分泌汁中制取的。近代所用的合成染料，大都是加工煤焦油产品而得。染料工业的建立被认为是开创有机化学工业之先河，到今天，染料行业仍然是国民经济的支柱产业之一。

说起来，染料的发明与其他很多发明一样是无意中得到的，也就是所谓的歪打正着。19世纪中叶，非洲流行的疟疾通过殖民者传入欧洲，并逐渐蔓延，治疗疟疾的特效药是盛产于南美洲的金鸡纳树提取的奎宁。这时，因研究煤焦油取得重大成就的德国化学家荷夫曼应英国王室之邀请，去伦敦新建的化学学院执教，他敏锐地认识到制造这一特效药的重要性。1856年荷夫曼指导他的英国学生18岁的少年帕金来完成这个重要课题，小伙子受老师从煤焦油中制得苯胺的启发，满心指望用苯胺制取当时的名贵药物奎宁。他先用重铬酸钾及硫酸处理，希望得到白色的奎宁结晶。但实际上得到一种深红发黑的液体和胶状物，当用酒精去洗涤时，出现了鲜艳的紫色，好像美丽的紫罗兰。由于当时英国纺织业很发达，对染料的需求十分急迫，帕金想：能用它来染布该多好。说干就干，他将一条布放进去，浸了一会儿，拿出来时，布已染成了很漂亮的紫红色。机会总是为训练有素的人准备，必然性通过偶然性开辟着道路。帕金很有商业头脑，回到英国后立即办厂生产，建立了有机合成染料工业，他的产品被认为是第一种人工合成的化学商品。这种染料名为苯

胺紫，可与历史上的帝王紫争辉。它的最初样品珍藏在大英博物馆里，直到1994年还有人重新测定过它的分子结构以探讨它获得成功的原因呢！

帕金的成功吸引了师兄弟们的注意，激励着他们也来研究染料，没几年，荷夫曼和他的学生相继合成了苯胺蓝、翡翠紫、甲基紫等染料，很多一直沿用至今。在他们的努力下，染料化工的成果极其丰富。帕金成功后的第十年，即1869年，德国青年化学博士格拉泽从煤焦油中提出的蒽为原料，人工合成了第一种天然染料茜素，并很快投入市场。在茜素能合成前，欧洲每年需天然茜素75万千克。它们都是从茜草中提取出的，而每100千克茜草最多只能提出1千克染料，价格非常昂贵。到1875年，已能人工合成10万千克茜素；到1902年，已达到200万千克。至此，天然茜素终于完全被合成品所取代。人工合成茜素的成功，充分显示出科学技术在认识自然、学习自然、模拟自然中的巨大作用。

在20世纪的两次世界大战中，人们认识到军事伪装的重要。所谓军事伪装就是军事设施、武器、人员以及军事保护物的外观色彩，对探测波如红外线的反射要尽量做到与环境一致。这样染料及涂料（即涂在军事设施上的颜料）的分子又做出了新的贡献。

在战争中最早用于军服的染料是适应目视要求的黄绿色，主要是蒽醌类染料，因为它们与环境色相近。自红外探测仪用于军事后，据此发展了夜视仪，也就是夜间能凭目标的红外反射不同而定靶。例如，20世纪90年代海湾战争时期，伊拉克的坦克白天藏在沙漠掩体里没有被发现，但到夜晚烤得发烫的强烈的红外辐射，却使它们成了美国导弹的极好靶子，因此，伊拉克军队损失惨重。到1998年南斯拉夫科索沃战争期间，南联盟高超的伪装术，使北约损失了很多昂贵的导弹，美国军方报道击毁了南方200多辆坦克，事实上才损失10多辆。这是因为南方采用了先进的多色迷彩。

迷彩伪装是当代各国军方或有机密价值的民用建筑都采用的伪装技术。它的特点是军服及军事设施用迷彩织物或迷彩染料涂饰。这种染料是由计算机对战场背景，也就是大量丛林、沙漠、大海、岩石等环境材料进行统计分析后做出数字化处理，配比出色彩、色调、亮度对探测射线的反射能力，通过各种色彩的面积、强度的调整，得出与背景一致的图案，求得完全消除目标与背景间的差异，从而实现伪装。这里的关键仍然是要制得合适的染料。先进的染料能适应温度和湿度的变化，即在不同温度和不同湿度下可显示出不同的颜色，染料的分子在不同条件下包括不同光线照射下改变结构，达到探测效果与环境的完全一致。

● 惊心动魄的事业

因研制炸药致富并造福全人类的一个光辉例子是诺贝

尔。诺贝尔的名字在世界上家喻户晓，受到许多有志青少年的热忱崇拜，这不仅因为他在化学发展史上做出了杰出的贡献，更重要的是他为了促进科学和社会的发展而设立了举世瞩目的奖项，其中诺贝尔科学奖代表了当时科学的最高水准。

诺贝尔出生在瑞典的一个普通知识分子家庭，父亲是一位机械师和发明家，因生活所迫，全家迁居俄国。诺贝尔虽然只受过1年正规学校教育，但他自幼努力学习，跟着父亲干活，看父亲设计水雷、研制炸药，耳闻目睹，在他幼小的心灵中，萌发了献身科学的理想。他的一生都是在艰难险阻中奋斗前进的。

著名科学家诺贝尔

诺贝尔的青年时代在欧洲度过，那时，许多国家由于冶金业的发展迫切需要发展采矿业。为加快采掘速度，炸药是急需品。诺贝尔决心改进炸药的生产。在诺贝尔之前，很多人研制过炸药。中国的黑色火药早在13世纪就传入欧洲；意大利人在19世纪40年代就发明了烈性炸药硝化甘油，但不能贮存，同时引爆问题也没有解决。因此，急需解决炸药的安全使用问题。

由于硝化甘油太容易爆炸了，几乎碰不得，震不得，惨痛事故时有发生，诺贝尔在自己的实验室就多次遇险，甚至连他的助手及弟弟也罹难。可以说研制炸药真好比从老虎嘴上拔毛，充满了危险，牺牲时刻都在伴随着他。但诺贝尔明知山有虎，偏向虎山行。他经过1年多的反复实验，发现用一些多孔的木炭粉、锯末、硅藻土等吸收硝化甘油，能减少易爆危险。最后，他用简便的方法制成了运输和使用都很安全的炸药。为了解决与安全同样重要的引爆问题，他又经过上百次实验发现，雷酸汞是一种优良的引爆物，从而使他发明了雷管，实现了应用炸药的科学道路上又一个重大突破。

光说不行，科学要求一切都要经过验证，尤其在炸药这种人命关天的问题上更是如此。1867年7月14日在炸药研制史上是一个值得纪念的日子。这一天，诺贝尔选在炸药用得最多的英国的一座矿山上，当着政府官员、企业界要人和许多工人的面做了一次实地表演：他把一箱安全炸药点火烧，没有爆炸；亲自用大锤砸，没有爆炸；从大约20米高的山崖上往下扔，也没有爆炸。这个操作还请旁观者重复多次，在人们承认这种炸药的安全性之后，他在石洞、铁桶和钻孔中装入安全炸药，用雷管引爆，结果炸得地动山摇，飞岩走石。这真是叫人惊心动魄的魔术表演，这真是鬼神莫测的壮烈画面。在有力地证明这种炸药既安全又强力的同时，人们

不禁被诺贝尔不怕牺牲、缜密研究的科学精神深深感动。

一个真正优秀的科学工作者，是永不自满的。又经过20年的不懈努力，到1887年，诺贝尔发明了以三硝基甲苯为基体的无烟火药，其爆炸力比原先的炸药强了200多倍，而且燃烧充分，烟雾很少。直到今天，在民用爆炸和军事工业中使用的常规火药，仍属于诺贝尔发明的这一类。为什么这类炸药会威猛无比呢？这是因为硝酸盐分子组成中含有大量氧，是一种强氧化剂；它又含有氮，极容易形成稳定的氮气；同时硝化甘油或三硝基甲苯中都含有大量易生成二氧化碳等气体的碳。这样，反应激烈进行，释出很大能量，使温度迅速提高，生成气体急剧膨胀，爆炸就不可避免了。炸药分子的奇妙之处，就在于它能在瞬间迅速升温，释放出大量气体。

诺贝尔的一生是不断从事创造发明的一生。据不完全统计，他共取得355项专利，其中有关炸药的就有129项。他不但是个优秀的科学家，也是个能干的实业家，在欧洲各国和美国都建立了由他主持的生产炸药的工厂，通过生产和销售许多高性能的炸药，积聚了一笔巨大的财产。1896年12月10日，脑溢血夺走了这位举世闻名的化学家和富豪的生命，诺贝尔结束了自己生机勃勃、光彩照人的一生。在生命垂危的时刻，他念念不忘的是科学和全人类。他决定将他的920万美元的财产作为基金存入银行，将每年的利息分成数份，奖给那些为科学和社会进步事业做出重大贡献的杰出人物。他还在遗嘱中专门强调："奖金不分国籍、人种和语言，只发给对人类有不可磨灭贡献的人。"

斯人已去，余音袅袅。从1901年第一次颁发诺贝尔奖金到现在，全世界已有500多位著名科学家、文学家、经济学家、政治活动家及10个群众团体获得这一殊荣。每年的12月10日瑞典斯德哥尔摩音乐大厅灯火辉煌，座无虚席。隆重的授奖仪式，把诺贝尔奖金、奖状和奖章授予各国的得奖者。简朴的发言，唤起人们对诺贝尔的怀念，他高尚的品格、伟大的胸怀、崇高的夙愿，成为科学海洋中各路航船的灯塔，鼓舞着一代又一代的青年为科学事业特别是发展分子有关的学科而英勇奋斗。

在保存诺贝尔遗嘱的保险柜里，还有一份他签名的自传。在幽默地说了他的特点后，诺贝尔写道："一生的重要事迹：无；仅有的愿望：不要被人活埋。"这最后一句话，留给我们无尽的思索……

● 身份鉴定者

古代的一位国王为断两位母亲争夺一个婴儿的案件，想了一个要把婴儿杀死的恐怖办法，利用人的心理做了聪明的判决。我们从电视上，从报刊的寻人启事中，常常看到父母千里迢迢去找寻丢失的孩子，或是在派出所领养的孩子中有

几对父母同时认领而无法确证亲缘关系时，往往只有求助于亲子鉴定。如今，随着法制观念的强化，人们利用法律来保护自己权益的思想逐渐深入，在处理财产纠纷、遗产继承、罪犯确认等一系列案件中，亲缘鉴定往往起关键作用。这种鉴定是根据遗传物质DNA确定的，也就是子体的DNA中一定有母体的DNA的特征，才构成亲缘关系。这样，DNA的鉴定就足以判定被测试者的身份，是是非非就一目了然，DNA是一种有特定结构的化学实体，真是分子的一项杰作。

在法医物证检验中，最理想的鉴定结论是绝对肯定或绝对否定嫌疑对象。过去主要凭指纹，因为每个人的指纹几乎各不相同，但是指纹提取有一定难度，而且现在罪犯有很多办法如戴手套等来掩盖指纹。1985年，英国莱斯特大学遗传学系杰弗里斯教授提出DNA指纹图鉴定法，实现了这方面的飞跃。办法就是进行DNA分析，因为一个个体的所有细胞中都含有相同的DNA分子，且终生不变；不同个体的DNA各不相同，因而DNA就具有指纹性。而要取得某人的DNA样本，只要找来极少量的细胞就行，通常是一滴血或一根毛发就够了。前些年美国总统克林顿和白宫女实习生莱温斯基的性丑闻案，正是通过DNA指纹图的比较确定的，因为莱温斯基裙子上残留精液的DNA指纹图与克林顿的完全相同。那么DNA是什么呢？

经过100多年的不懈追求，到今天人类已经清楚了解到，遗传原来是由基因决定的，基因之所以稳定就是因为它代表一种化学实体，这就是DNA，DNA就是遗传物质。那么它的结构如何呢？化学家有一个好的思路，就是努力探索分子结构的秘密，因为分子的神奇本领是由它的神奇结构确定的。到20世纪40年代，向DNA结构进军的众多科学家中，最权威的是美国结构化学家，1954年诺贝尔奖获得者鲍林，他在研究结构和建立分子模型上很有经验，实际上离弄清DNA的结构只有一步之遥了。但有两位年轻人即美国生物学家沃森和英国物理学家克里克却捷足先登，首先在1953年4月25日的英国《自然》杂志上公布了他们提出的DNA双螺旋结构的分子模型，这一成果被誉为20世纪最伟大的发现之一，也被认为是分子生物学诞生的标志，沃森和克里克也因此于1962年获得了诺贝尔奖。

这两个年轻人配合得十分默契。1949年当他们刚进入著名的英国卡文迪什实验室时，一个是学生物化学的，熟悉生物学前沿的情况，对弄清DNA结构的重大意义十分理解；一个是学物理的，对结构测定技术非常在行。同时两人都从事DNA课题研究，成了黄金搭档。尤其可贵的是他们在工作中废寝忘食、异常勤奋。那时，他们所在的卡文迪什实验室的大门每晚10时就要关闭，为了在夜间拍摄到DNA的照片，他们整夜呆在实验室里，终于他们看到了DNA的模糊图像，很像螺旋形线条。

正在这时，别的研究DNA的科学家也来和他们交流，并且丝毫不保密，把自己拍摄的更清晰的照片让他们仔细观

看。沃森后来在描述当时自己的心情时写道："一见到这些照片，我真激动极了，话也说不出来了，心怦怦直跳，因为从这张照片上，完全断定DNA的结构是一个螺旋体。"

在确定这一点后，紧接着需要解决这个螺旋体是由几条链组成的问题。他们经历了一段艰苦的过程。首先，沃森和克里克根据模型计算和已有的图像资料，他们否定了一链和四链。在对所有的数据进行处理后，1951年他们建立了三链结构，并且十分自信这个模型的有关数据符合DNA照片的要求，但却被进一步的实验否定了。然而，他们又以满腔的热情和坚强的毅力，重新开始研究。又奋斗了两年，沃森和克里克想到生物体内各种器官甚至染色体都是成双成对的，由此也估计到DNA分子是一种双链结构，再说也只剩下双链没有试了。但在链间连接方式上又犯了错误，结果又告失败。到1953年初，他们夜以继日、马不停蹄地工作，参考了当时许多化学家和数学家的研究成果，合理解决了双链骨架、连接两条链的方式等问题，进行了几百万次计算，在3月18日终于成功建立了新模型。

按照这个模型，DNA分子就好像一架高楼的螺旋形梯子，有两股链即糖和磷酸组成梯子的两侧支柱，当中则由许多氨基酸连成横杠。在人体的一个细胞中，DNA梯子全长约有1米，它所包含的横杠就有60亿条之多，以此可知构建模型之不易。这对当时才25岁的沃森和37岁的克里克来说，实在难能可贵。他们的成功除了他们有谦虚和勤奋的优点外，头脑中没有框框、思想不保守、失败不气馁也是重要原因。

　　DNA是分子世界中目前已知的最奇妙的结构，它是遗传基因的载体，一个人的基因约有2000条横杠，是DNA上有遗传效应的片断。它体现了分子的所有本领中最神奇的绝招，即有生物活性，而且能遗传。种瓜得瓜，种豆得豆，如今把不同的DNA剪裁相接，又能得到全新品种，真是酷极了！

三、分子"改性"创奇迹

从童年时代起，我们就惊奇于自然界的五光十色和无穷的奥妙。你在动物园里一定看过大象吧，它身上那宝贵的象牙，促使人们去研究试制它的代用物；你看见过蚕儿吐丝吧，那熠熠发光的美丽丝绸激励着人们去找寻新的精品。正是沿着这样的思路，科学家们观察自然、模拟自然，由分子"改性"进而创造奇迹。

● 教授夫人的布围裙消失之谜

早在17世纪中叶，英国科学家胡克就预言过，人类应该能够仿效蚕蛾产丝的工序而有所作为。胡克是大科学家波义耳的助手，忙于燃烧实验和显微镜研究，并没有沿着他提出的思路继续深入下去。到19世纪上半叶，几位法国化学家开始了对天然纤维素的系统研究。1814年，盖·吕萨克发现纤维素和醋酸的组成相同，纤维素是人们很容易得到的物质，研究它应该是大有可为的。当时，专门的化学实验室还没有建立，厨房就是科学家们的家庭实验室，许多生物材料如淀粉、木材就成了最初的原料，而硝酸、硫酸这两种在17世纪就已广泛应用的酸，就成了他们手中主要的试剂。1833年，布拉康诺将硝酸作用于淀粉，得到具有爆炸性的淀粉硝酸酯，布拉康诺将其称为西洛依丁，意思是指木材改性物。当时，科学家们认为，从组成看淀粉和木材中的纤维素是相同的。接着在1838年佩劳茨和帕扬将硝酸与纸张、亚麻、棉花等反应，得到一种易燃和易爆的物质，被认为就是上面提到的西洛依丁。但帕扬在1839年首先用塞璐珞西一词表示纤维素，这个词源于法文细胞（cellule）一词，后来被科学界沿用下来。

这些工作虽然没有取得实在的成果，可是却为后来的人们提供了启示。1846年瑞士化学家薛拜恩宣称将硝酸和硫酸的混合物作用于棉花，制得了纤维素硝酸酯，并确定它具有易燃性和易爆性。说来事情也巧，一天，瑞士北部的巴塞尔大学的化学教授薛拜恩下班回家后，还在想着他的科研项目。在稍事休息后，又进了他的家庭实验室，也就是他的厨房。也许是太劳累的缘故，刚开始实验，他就不小心把盛有浓硝酸和浓硫酸混合物的试剂瓶打翻了，这两种腐蚀性很强的液体流到了地板上。他知道应该尽快把地板擦干净，但在慌乱中没有找到抹布和拖把，只好用妻子做烹饪时用的布围裙救急。薛拜恩有一个把实验场所收拾得干净利落的好习

惯，他把桌子和地面擦干净以后，马上就把围裙洗好并放在炉子边上烤。

就在这时，一件科学上的奇事发生了。出乎薛拜恩的意料，围裙非但没有烤干，反而突然着火了，不一会就烧了个精光。这真是怪事，怪事对于一个科学家来说是宝贵的，它意味着一种奇迹。薛拜恩有很好的科学素养，他决不会放过这样的机遇。于是他设计了一个实验来重复"围裙着火"。

科学发明有时出现在意想不到的事情上

他把棉花和浓硝酸、浓硫酸放在一起作用，生成了一种浅黄色的类似纤维的物质，洗净和干燥后，这种物质很容易着火燃烧，受到摩擦和冲击时会发生爆炸。这些事实说明，这是一种新物质。新物质，发明新物质，是化学家的光荣使命；一种新物质，意味着一种新分子的出现，是最让热爱科学的人们激动不已的。

薛拜恩发明的这种新物质具有强大的爆炸威力，这就是后来人们所称的强棉火药。在此之前人们所用的炸药主要是黑色火药，它是13世纪由蒙古人通过阿拉伯传入欧洲的，其主要成分是炭、硫磺、硝酸钾，爆炸力不很强，而且在爆炸时还会产生很大的烟雾。与黑色火药相比，强棉火药的爆炸力增大了3倍，并且爆炸时的烟雾很少。强棉火药的发明对于正在迅速发展采矿、冶金工业的欧洲企业界来说，真是再及时不过的重大福音。薛拜恩很快申请了专利，并且作为宣传在法国和德国的杂志上公布了他的发明摘要。他还把强棉火药的生产专利权卖给了英国商人泰勒。这位精明的企业家很快组织了生产，并且在欧洲许多国家如法、德、俄及奥地利开设了生产这种强棉火药的分公司。订单如雪片般飞来，生意格外红火。

不过，福兮祸所伏。强棉火药生产的好景不长，1年以后，也就是1847年7月，英国一家公司的产品爆炸，这次爆炸毁坏了一座工厂，死亡21人。以后，其他国家的工厂也相继发生事故。但由于市场对这种火药的急迫需求，又经过了

15年，到1862年，强棉火药的生产才终于全部停止了。虽然如此，仍有许多目光远大的化学家对薛拜恩的工作进行了深入研究，英国化学家阿贝尔就是其中之一。阿贝尔想，既然这种火药有这么强烈的爆炸能力，必有缘故，只要找到它不稳定的原因，就能控制它使之安全应用。他孜孜不倦地工作了18年，到1865年终于取得成果。他发现，只要将这种物质切碎并在碱液中洗涤，干燥后就变得稳定而安全了。他还发现，爆炸与否及爆炸力的强弱，主要取决于硝化的程度，也就是硝酸加入的多少。当这种物质充分硝化，使其氮含量超过13%时，它就是一种强力爆炸物，称为火棉；当其氮含量在11%~12%时，它只是一种易燃物，但不爆炸，称为派罗西林，希腊文的意思是火和木材；当含氮量在10%左右时，它被称为火棉胶，其乙醇溶液就是一般封瓶口用的珂罗丁。至此，人们才算彻底解开了教授夫人的布围裙消失之谜。

● 由"照相问题"引发的研究

在19世纪中叶的一天，一个摄影师正在暗室里为他的底片不清晰而伤脑筋，那时，照相还是一件高级享受，只有王公贵族才有钱体验摄影的气派和快乐，就像今天只有少数人有私人飞机一样。英国的伯明翰市以产钢闻名，帕克斯是这里一家大钢铁公司的冶金工程师和化学家，摄影是他的业余爱好。受到曾购买薛拜恩制造硝酸纤维素专利的泰勒的启发，帕克斯也想将硝酸纤维素用于制作照相底片。

帕克斯不仅是一位优秀的工程师，而且很有商业头脑。他认为，只掌握硝酸纤维素的制备方法是不够的，还应考虑大规模生产的成本，只有降低成本，才会有竞争力；他还认为，最根本的还是要开发产品的用途，只有用途广泛，产品才有实用价值。帕克斯设计了能一次投料47千克棉花的容器和工艺流程，不足2小时，就可制得质地优良的固体硝酸纤维素。为了扩大这种产品的应用范围，他对产品的性质进行了充分研究。把它溶解在乙醚和乙醇的混合溶液里，再把溶剂蒸发掉，这样就得到一种角质状的坚硬而又耐水侵蚀的物质。帕克斯发现，这种材料虽然硬，但缺乏韧性，不便加工。于是，他向其中加了一些添加剂，如树脂或油类，终于使韧性得到改善，可以制成一定的形状。他还设法解决了染色问题，使它的制品有了所希望的各种美丽的图案和花纹。

1862年，帕克斯将自己发明的制品在英国举办的国际博览会上展出，他用自己的姓名来命名这种新材料，叫作"帕克星"。他认为这种物质除主要用作照相胶片外，还可用来代替天然的虫胶，制作电气工业用的绝缘材料。他在送呈展览制品的文字说明中还指出，这些有花纹和图案的制品包括软管、纽扣、梳子、刀柄、盒子、笔等，还能制成硬如象牙的贵重物，并且能用模具像金属一样进行浇铸。总之，产品将是无穷而极其多样的……最后，博览会授予帕克斯一枚青

铜勋章。

又经过4年努力，1866年成立的生产帕克星制品的公司开张了。可是帕克斯并未一帆风顺，生产上经常碰到难题，有时弄得三两天就得停工排解。例如，当配料欠准确时，就会导致帕克星的纯度不够，从而使产品质量低劣；生产中用到的大量浓硝酸，放出的气体使人难以忍受。这些故障和困难，使优秀的技术专家帕克斯也穷于应付。于是只经营了2年，他的公司就倒闭了，他本人也像一颗星星似的，在后来者更光辉的奇迹普照之前隐退了。

● 早期塑料之王的降生

长江后浪推前浪。正当帕克斯离开硝酸纤维素研究领域时，在大洋彼岸的美国出现了一个把帕克斯的事业继承下来并发扬光大的年轻人海厄特。海厄特是纽约的一位印刷工人，也是一位业余化学爱好者。1869年的一天，他漫步在街头，看到广告柱上的一张一家台球制造商的海报宣称，无论什么人，如果能发明一种代替象牙制造台球的材料，他们将以1万美元作为酬金。这真是一件饶有兴趣的事，海厄特很想取得这项成果，而且他也相信自己能搞成这项发明。

为什么找寻象牙的代用品如此迫切呢？原来，在19世纪60年代，美国南北战争结束后，玩室内象牙台球成了一种时尚，最后造成了原料象牙的短缺，价格也越来越贵。当时为了获取象牙，每年要杀死2万多头大象，价值高达300多万美元。象牙可从海象和河马的獠牙和其他部位的牙获得，但最坚硬、最优质的还是正宗西非象的牙。尽管每头象的长牙（獠牙）产量低，而且几个世纪以来，法律就不许偷猎和交易，这样通过研发代用的物质以解决这一"象牙问题"，就成了人们的梦想。通过顽强的努力，海厄特成了早期塑料之王赛璐珞降生的助产士。

发明家都有一种优秀品质，说干就干。为了取得这项发明，从1869年看到海报的那天起，海厄特就和他的兄弟联手

不起眼的台球也曾凝聚着发明家们的心血

用各种材料做实验。作为一个印刷工人，他有得天独厚的优势去接触各种最新的杂志和资料。他之所以选择印刷这一行业，就是因为自己很想读书。当年他父亲老海厄特深怕自己的孩子误入歧途，常带他们兄弟去船上看水手怎样生活，去冶炼作坊看铁匠们如何营生，到印刷厂看一摞一摞的画着各种图画的书，只有看到书籍小海厄特才会兴奋起来，从此他也就和书籍打上了交道。作为一个化学爱好者，他尤其关心化学的最新发明，一有机会就要亲自实验。帕克斯的硝酸纤维素研究备受海厄特的关注，此刻，他有似乎从这里入手可以找到象牙代用品的感觉。

海厄特知道要做得比前人好，必须有所创新。他意识到要改善硝酸纤维素的性能，需要在其中增加点什么。沿着这条思路，他实验了许多添加物，如油脂、石蜡、松节油等，一切他手边能得到的东西，他都不怕麻烦，耐心地去试。过了一年，到1870年时他的工作就有了突破性的进展。当他把樟脑溶解在酒精里，再跟硝酸纤维素混合时，就生成了一种角质状的物质，很像象牙汁。这种物质在受热时变软，冷却后又变硬，容易加工。看来，这种材料有可能代替象牙来生产台球。海厄特把它称为准象牙，并正式定名为赛璐珞，意思是来自纤维素，也就是从纤维素改性、变化或创新而来。他的添加物樟脑就是日后塑料制造中增塑剂的应用启蒙。

为了兑现那份海报中的发明奖，还得做成可用的台球才行。心灵手巧的海厄特琢磨出来制造台球的方法很简单：用赛璐珞的酒精溶液将木屑、棉花或纸浆浸透，最后做成台球的形状，将酒精烘去，再在台球外面涂上一层加了染料的硝酸纤维素，于是各种颜色的台球便制成了。制成了就赶快卖，投入市场，这是美国人的好习惯。仅制造台球，海厄特就先后成立了"海厄特制造公司"和"阿尔伯尼台球公司"。

不断进取的海厄特并不满足于已有的成就，他在积极地为赛璐珞寻找新的用途。他想当初是作为象牙代用品来开发的，于是就在牙科上打主意。这一眼看得准，用赛璐珞做镶牙用的牙托效果很好，可以替代当时很贵的橡胶牙托。于是他在1870年专门建立了奥尔巴尼牙托公司生产赛璐珞牙托，成功后，在1871年注册的商标就叫赛璐珞，这是塑料之王第一次冲进市场。由于赛璐珞能够铸塑或压延成任意形状的制品，所以还可用来制成纽扣、梳子、铅笔盒、眼镜架和镜框等日常生活用具。1884年，美国柯达公司还用它来生产照相底片和电影胶片，这又促进了18世纪末和19世纪初的摄影普及和电影工业的发展，这些不禁令人想起当年的帕克斯在这方面的开创性工作。

● "改性"研究在继续

由于照相和电影业的发展对胶片的需要，也由于硝酸纤维素的易燃性成了市场拓展的拦路虎，这就迫切需要将纤维素分子进行新的改性。其实在研究纤维与硝酸作用时，科学家们也知道硫酸、醋酸、磷酸也能与纤维素反应，生成相应的各种酸的纤维素，但起初只有硝酸纤维素得到较详细的研究，因为它较易制得，较易工业化。到20世纪初，在硝酸纤维素的缺陷已充分暴露而且难于被人们接受的情况下，科学家们想起了醋酸纤维素。

还在1865年，也就是美国的海厄特看到奖励准象牙海报之前4年，英国的帕克斯正红光满面地研制硝酸纤维素制品并将帕克星产品投入生产的前1年，法国科学家舒申伯格发现，将纯净的纤维素和无水醋酸在密闭容器中加热到130~140摄氏度，1~2小时后就得到一种新物质，舒申伯格认为这就是醋酸纤维素。又过了近30年，到1894年英国科学家克罗斯等又研究了这个反应，他发现在硫酸或氧化锌存在的情况下，在通常压力下加热，也能得到醋酸纤维素。你看，这又是一项新改进，它避免了密封容器，这就使得工业生产成为可能。因为工业化的一个重要条件就是可行性，特别是要操作简便而且安全，实验室中容易做到的密闭容器中加热，在大规模工业生产中就不那么容易了。所以这个发现使克罗斯非常高兴。

但是，克罗斯高兴得还是早了点。原来生成的醋酸纤维素并不溶解在常见的溶剂中，而只有在当时价格昂贵且有毒的三氯甲烷中才稍微溶解一些，这就妨碍了它的工业生产。又过了10年，1905年美国科学家米尔斯重做了克罗斯的实验，发现如将制得的醋酸纤维素用稀硫酸或稀醋酸加热一会儿，也就是进行局部水解，那么醋酸纤维素就能很好地溶解在廉价而又无毒的常用溶剂丙酮中了，这才为大量工业生产提供了条件。米尔斯先将处理过的醋酸纤维素溶解在丙酮中制成浆汁，然后制成薄膜或喷成丝。最后将醋酸纤维素投产并开拓市场的是瑞士科学家德雷富斯。1910年，德雷富斯在自己的家乡建厂，得到了纯白色的产品，这种产品最大的优点是不易燃烧，当然更不会爆炸。这个优点使它在胶片制作领域里稳稳站住了脚。1916年，德雷富斯应英国政府的请求，在英国建立了西兰里斯公司，于是西兰里斯就成了这一产品的商品名称。由于这种产品质地精良，声名远播，在1918年又应美国政府的请求，在大西洋彼岸建厂，这对醋酸纤维素的生产、推广与应用起了很大的作用。

一项新产品的问世往往首先受到国防部门的注意，醋酸纤维素也是这样。第一次世界大战期间，醋酸纤维素曾作为飞机机身和两翼的涂料代替过去易燃的油漆。这方面的成

功，使它的影响超过了早期的塑料之王赛璐珞，而被称为赛璐玢。两者虽只一字之差，却体现了分子改性上的重大进步。从硝酸纤维素到醋酸纤维素的进展，使人们相信只要在分子改性上做不懈的努力，就能在物质的性能方面获得重大改进，解决大问题，甚至创造奇迹。

● 编织衣料五彩梦

在19世纪初，瑞士有个小伙子叫奥德马，他特别喜欢养蚕。他有一种仔细观察事物的习惯，总想看出别人没有看到的门道。别人都看到蚕宝宝吃了桑叶吐丝，但奥德马却看出，蚕儿吐出的不是丝而是一种黏稠液体，然后在空气中才结成丝。于是他开始比较桑叶和丝的区别，他想一定是两者分子的化学组成不同，也就是说蚕儿将桑叶进行了"改性"。通过化学分析，奥德马知道了丝与桑叶的不同在于前者含氮，后者则没有。那么只要把桑叶加上氮，不就可以制出丝来吗？于是，他将桑树叶洗净并漂白后，用硝酸处理，将它溶解在乙醇和乙醚的混合液中，并添加少量天然橡胶乳，制成了类似蚕吐出的黏稠液体，再用针牵拉在空气中干燥成纤维。后来又有许多人重复了奥德马的实验，也有人将树胶、淀粉等物质调成黏稠状液体，然后拉成丝干燥。这些实验留给后人深深的启示，使人觉得模仿蚕吐丝是很有希望

蜘蛛丝为什么会有很大的强度呢

的事业。

　　在1883~1884年，英国发明家斯万受当时化学界对硝酸纤维素研究的推动，也加入了这个行列。他将硝酸纤维素溶解在醋酸中，再将溶液通过小孔施压喷进含有甲醇的变性乙醇液中凝固，干燥后就得到纤维。斯万少年时代曾随一位药剂师学徒，后来成为化学制品商人，靠不断自学科学知识成才。他制出的纤维丝亮闪闪，胜过蚕丝。1885年1月在当地的化工协会会议上展示，受到了好评。稍后，由他的妻子用钩针将这种纤维钩成花边、饰带在伦敦举行的发明展览会上标明"人造丝"展出，引起了轰动，这可能是最早的人造纤维织品，它标志着对蚕吐丝模拟的成功。

　　似乎在与英国发明家比赛，英吉利海峡对岸的法国人也取得了成功。发明家戛尔多内在1885年申请到制造人造纤维的专利，也许是时机已成熟到这项成果应当出世，也许是英雄所见略同，戛尔多内的方法也是将硝酸纤维素能溶解在乙醇和乙醚的混合液中，然后通过小孔挤压进冷水浴中成丝，干燥后成为具有光泽的纤维。早年，戛尔多内曾学习土木工程学，大学毕业后，师从法国著名科学家、微生物学家巴斯德研究蚕病，从蚕吐丝中引发了研制人造纤维的兴致。他将自己发明的丝织成了美丽锃亮的制品，于1889年在首届巴黎展览会上展出，引起了人们特别是太太小姐们的空前雅兴，于是得到大奖。1891年他的工程知识推动他很快建厂投产，开始时日产约50千克，1907年增加到2000千克，成为全世界第一家人造纤维工厂，迅速占领了市场。由于硝酸纤维素的易燃性常常引起严重后果，因此，醋酸纤维素制成的人造丝得到了普及。

法国人戛尔多内发明了人造纺织物

　　19世纪中叶，人们对直接利用天然纤

维的改性产生了浓厚的兴趣，这是化学与生活紧密联系的最好证明。1857年瑞士科学家施维策发现纤维素能溶解在氢氧化铜的氨溶液中，这为开发人造纤维开辟了另一途径。40年后，一些德国科学家重复了施维策的实验，发现这种铜氨溶液遇酸后就会被分解，使已溶解的纤维素再生出来，可以得到比优质棉花和蚕丝还白的丝制品。这样原先的碎木屑或泛黄的旧棉花，经过处理后，质地竟得到如此显著的改善，怎能不叫人激动万分呢？怎能不惊奇于分子改性的巨大魅力呢？企业家们在化学家专利的基础上，顺此思路，通过细孔将铜氨的纤维素溶液喷射到稀硫酸中，得到了非常细、质地柔软的人造丝。从1902年起喷丝过程得到改进，铜氨纤维开始在德国大规模投产。新产品强度高、光泽亮丽，适宜于织制高级织物，该产品有过约20年短暂的辉煌。后来由于成本太贵，让位于质地更好、价格便宜的新的分子改性物。

欧洲大陆对岸的英国人又取得了新成果。1892年科学家比万等用碱浸泡纤维素，得到一种有丝光的碱纤维，将其溶解于二硫化碳中，形成黏度很高的胶汁，称为黏胶。此黏胶汁的细流遇酸就凝固成形，纤维素又再生成，由这种黏液生产的纤维叫作黏胶纤维。它可以用木材的边角料、芦苇、甘蔗渣、麦秆等废弃物为原料，来源广、成本低，具备了大规模发展的可能性。1900年，一位玻璃吹制工人托法姆研制成功纺制黏胶纤维的关键部件纺丝盒；一位银行办事员、化学业余爱好者研制出优良的凝固浴，这两位发明家的加盟，使

纺织黏胶纤维的可能成为现实。他们于这一年在英国建成年产1000吨的工厂后，1905年开始扩大规模。此后欧洲各国、美国、日本也纷纷建厂生产，到1910~1912年产量已超过了天然丝。这真是一个奇迹，这是研究自然、学习自然、模拟自然、超过自然的重大胜利。

我国于1956年开始先后在丹东、上海、保定、南京等地建立黏胶纤维工厂，已能把连续的长丝切成与棉纤维或羊毛相同的长度，以便于纺成人造棉或人造毛。这样就形成了棉、毛、丝的人造品系列。目前，这类纤维又用于纺制轮胎帘子线，更拓宽了它的应用范围。自20世纪60年代环境保护的呼声日益高涨以来，这种以农林行业废弃纤维为原料的改性工艺，受到了更大重视，已成为市场的抢手商品，构成了人们服装的主要材料，它在把我们的生活打扮得更加绚丽夺目的过程中发挥着越来越重要的作用。

● 分子"改性"新境界——尼龙66的发明

不管是赛璐珞还是赛璐玢，它们都是以天然的棉、麻、木材纤维为基础，在纤维素分子上挂上由硝酸或醋酸产生的基团。科学家们把硝酸纤维素和醋酸纤维素叫作"改性"高分子化合物。这种改性的确优化了原来物质的性能，创造了不少奇迹，然而，它在分子结构上保持了母体（如纤维素）

的骨架，也就是保留着它的主要性质，甚至某些缺陷。例如纤维素的机械强度差、耐磨性差等在"改性"后并未根本改观。要达到分了"改性"的新境界，需要科学家们作进一步努力去分析天然物质的分子结构，进行母体骨架的改造，而不是在原有物质的外围作修饰。

我们再回到蚕宝宝吐丝的研究。当初奥德马着眼于桑叶的硝酸处理，这与薛拜恩的布围裙和硝酸的作用不谋而合，都是建立在纤维素的改性基础上，他们及后来者并未深入研究蚕儿吐出的黏液究竟是什么。而问题的关键却正是应该研究这种黏液，也就是说需要弄清黏液的分子结构。

20世纪初，人们已认识到棉麻丝毛受资源、气候、地域的影响，已不能满足社会日益增长的需求；已经问世的人造纤维对市场起了一定的缓解作用，也点燃了人们继续进行分子改性的新希望。到20年代末，当时美国最大的化学公司杜邦公司以远大的眼光捕捉到合成纤维的巨大市场前景，也就是用纯粹人工合成的方法，即用化工原料直接制成各种着装材料。他们聘请了已合成过氯丁橡胶的年轻人、哈佛大学的化学博士卡洛泽斯来主持这一研究。

卡洛泽斯学识渊博，思路清晰，对高分子化合物的研制情有独钟。1905~1910年，他的同胞贝克兰德用甲醛和苯酚制成有重要用途的绝缘材料酚醛树脂的光辉事迹，激励着少年卡洛泽斯的心，一种合成对社会有重要价值的物质的梦想，在他心中播下了希望的种子。1927年，卡洛泽斯到杜邦

卡洛泽斯和他的尼龙66的合成

公司应聘担任新成立的专门研究室主任，他敏感地意识到一个机遇来临了。前些年，他在做博士论文时就积累了合成氯丁橡胶的经验和有关文献。卡洛泽斯工作极其勤奋，不但对自己专长的领域了如指掌，就是对相邻的学科如有机化学、蛋白质研究等也很精通。现在，在接受杜邦公司的委托书，从总经理办公室出来的时刻起，卡洛泽斯就在琢磨合成新的化学纤维这一头等大事。

究竟从何处入手呢？卡洛泽斯认为应当从剖析蚕宝宝吐出的黏液入手。说干就干，他很快确定，这种黏液是一种蛋白质，它在空气中受氧的催化作用可以迅速聚合成为很大的分子。卡洛泽斯清楚地知道，要做出新的成果，必须用当代最新的理论武装自己。既然是蚕白质，它必然具有特殊的结构单元，他记起有关蛋白质结构的文献指出，蛋白质中存在的最基本的肽键，在化学上叫酰胺链，其中包含了碳、氧、氮、氢的结合，难怪蚕丝中含有氮呢！因此，卡洛泽斯认为要努力找寻通向合成肽链聚合物的道路。

千里之行，始于足下。卡洛泽斯知道，要抓紧但急不得，必须一步一步来。他和助手们重新实验了当时所有制备聚合物的反应，探索将它们用于制作纤维的可能性。1930年，他的研究组先用二元醇和二元酸进行生成酯的反应，这两个"二元"在分子结构上非常重要，例如乙醇即酒精就是一元醇，而乙二醇就是二元醇；乙酸即醋酸是一元酸，而草酸就是二元酸，只有醇和酸都是二元时，它们生成的酯才能首尾相接，聚合成长链的聚酯。卡洛泽斯实验了许多配方和条件，都失败了。终于有一天，他们发现在烧杯中生成了一层厚厚的浆糊状物质，当从烧杯中取出玻璃搅拌器时，搅拌器上挂了很长的细丝，冷却后，细丝很快固化；更重要的是，细丝能像橡皮筋一样拉伸，并且弹性很好。因为有过去合成橡胶的经验，卡洛泽斯立刻意识到这里有戏，拉伸作用能使高分子化合物变成平行的线束，跟丝和其他天然纤维结构很相似，因此，有可能用聚酯来纺丝。卡洛泽斯认为，这个酯化反应比较容易进行，是合成酰胺聚合物的前一步，在这一步里能得到纺丝的成果也是叫人高兴的事情。

聚酯虽然能纺丝，质量也可以，但不是卡洛泽斯的目标。他从分子结构考虑，坚决相信只有聚酰胺才符合要求，也就是说用二胺来代替二醇使之与二酸进行反应。他认为，只要完成这一调整，分子的功能肯定有显著改进，必然会比真正的蚕丝优质。因为蚕丝中还混有从蚕肚子中带出来的代谢物，再说在空气中干燥时也会混进许多灰尘，也影响蚕丝的质地。

又经过5年的努力，他们采用远远超过当时有机合成的一般规程，进行精细化作业。首先是严格反应配比，相差不得超过1％；认真控制反应条件，温度维持恒定，变化不得超过0.5摄氏度等。这样他们用己二胺和己二酸为原料终于得到相对分子质量为2万左右的聚酰胺，产率达到99％。它能在熔融状态下拉成细丝；冷却到室温后，能拉伸到原长

尼龙的弹性原因就像这样

的3~4倍。在高倍放大镜下观察，得到的产物是不规则的长链，但在拉伸后，它的分子链会沿着纤维的轴平行排列，这就大大增加了这种纤维的强度和弹性。此外，聚酰胺的软化点（180摄氏度）也符合纺丝工艺的要求。这真是妙极了，这真是合成纤维的一曲华美的乐章。

卡洛泽斯把这种聚酰胺纤维叫作尼龙66，其中第一个6表示反应物之一己二胺中的6个碳原子；第二个6则表示另一反应物己二酸中也有6个碳原子。至于尼龙则是一个他新造的词。卡洛泽斯患有阵发性神经痛，这是他少年时代由于一次惊风留下来的，有时痛得难以忍受，甚至在地板上打滚，但他意志坚强，总是能挺过去，总是默默地顽强地继续自己的学业和工作，不愿麻烦别人，日子一长，就成了一个有孤独癖的虚无主义者。于是他把英文中虚无的词根（nyl-）和他所服务和热爱的杜邦公司的名称字尾（-on）结合起来，创造了尼龙（nylon）这个词，溶进了他对生活的独特理解。

尼龙66的中国商品名为锦纶，因为首先由锦州化工厂引进并成功投产，也俗称耐纶。它是所有纤维中的耐磨和强度冠军，它的发明从根本上改变了纺织品的结构。1938年第一座生产尼龙66的工厂在杜邦公司建成，首先占领了袜子市场，1939年10月24日在杜邦公司总部首次公开销售尼龙丝袜，其寿命为普通丝袜的20~30倍；其丝比蛛丝还细，晶莹透亮，结实度超过钢丝。尼龙绳的强度比同样粗细的钢绳大4~5倍，但质量轻得多，第二次

世界大战中降落伞、军用背包绳的需求，大大刺激了它的生产。尼龙丝还可织成渔网，强度高、质量轻、耐海水腐蚀，适合海上作业。用尼龙做成的纸，可耐85万次折叠，而普通牛皮纸只能折1200次，相差700多倍。尼龙66的发明是20世纪重大的科技成果之一，它创造了分子"改性"的新境界。卡洛泽斯的成功吸引了许多有志青年，2000年诺贝尔化学奖获得者日本的白川英树就回忆起当年是在卡洛泽斯发明尼龙66的鼓舞下走上化学研究之路的。

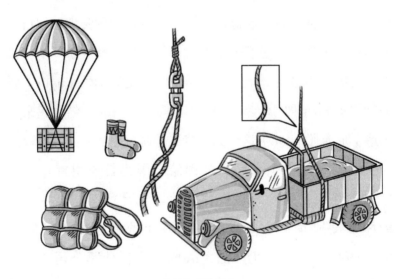

大显身手的尼龙

四、巧夺天工的高分子

高分子指有机质人工合成的相对分子质量大的材料，是我们几乎每时每刻都与之打交道的物质。如方便耐用的凉鞋、轻盈漂亮的衣服、五光十色的玩具、文具、餐具、牙具、家具样样离不开它。它的诞生虽不到100年，如今却已成了材料世界中的后起之秀。高分子是在对天然大分子物质，特别是纤维"改性"的基础上产生和发展起来的，是模拟自然的直接成果。

● 从遗憾中引出的发明奇迹

第一种人工合成的高分子材料是酚醛树脂或称电木。树脂的另一名称是塑料，所以它也被称为塑料之祖。它的发明者是美国的贝克兰德，投入市场的年份是1909年。

20世纪初，电业迅猛发展，需用大量绝缘材料。当时最受欢迎的是虫胶，它是一种天然树脂，是由东南亚产的一种

昆虫——紫胶虫分泌液炼成的。虫胶绝缘性好、硬度大、易加工，比传统的陶瓷绝缘性能优越，但其成本高，所以一开始仅局限于昂贵部件和部门的电业应用。但是，随着电业的迅猛发展，社会对虫胶的需求日益迫切。然而，令人头痛的是，为了生产0.45千克虫胶，竟然需要由15万个紫胶虫在近6个月的时间内卖力地分泌。而在当时，世界上虫胶的消耗量已相当可观，仅美国的统计，每年就达45万千克，也就是说，要有1500亿个紫胶虫干活。

需要是发明之母。从1905年起，在比利时出生而在美国工作的贝克兰德就日夜琢磨着虫胶代用品的研究，他首先敏感到这个项目的经济价值，也预见到了它的技术效益。如何着手呢？对于一个训练有素的科学工作者来说，不光是要抓到项目，不只是要有想法，更重要的是要有本事把题目落实到实验操作。这时，贝克兰德已是壮年人，不是毛手毛脚的愣头儿青了，他马上就想到，过去有没有人做过这类研究，现在有没有人正在进行这类工作呢？已40岁出头，知识和经验都很丰富的贝克兰德知道，一定要从那些著名的有影响的有真才实学的化学家的论文，最好是实验记录中去发现他们的科学思想光华。

贝克兰德

像一只勤奋的蜜蜂在花丛中采蜜，贝克兰德一本又一本地翻阅着历年的化学实验档案，他由近及远地搜寻着，顽强地耐心地记录着每一条可用的信息。终于在一本发黄的尘封的实验报告中看到，早在1872年德国著名化学家、合成染料工业的奠基人封·拜尔曾经做过这样的实验：把通常做消毒用的石炭酸（苯酚）和医院做防腐用的福尔马林（甲醛）混合，搅拌，生成了一种树脂状的物质；把这种物质加热，它会发泡并产生恶臭；将它冷却，又会凝固成坚硬而多孔且不溶于水的灰色固体。贝克兰德看到这里，似乎若有所思，也许这个又臭又硬的树脂状物质，就是他思念的虫胶代用品呢！

科学研究要求全面性，要求人们进行全面的调查研究。贝克兰德继续耐心地查找有关资料，不过不再泛泛阅读了，而是比较集中于有关封·拜尔这类实验的评价和更深入的研讨。继拜尔之后，还有人做过类似实验，结果是这种树脂状物质硬如岩石，即使用浓盐酸处理也纹丝不动。因此，拜尔及其他化学家都认为，即使这种树脂状的物质具有科学研究的价值、会使人产生兴趣（例如像化学怪人卡文迪什那样），但在工业和商业上则是毫无意义的。如果从纯实验操作的角度考虑，在反应中产生的这种又黏、又硬、又黑、又臭，而且还特别不好洗的东西，也是烦人的。所以，人们在实验操作中尽量避免产生这种废渣疙瘩，当然更没有人有兴趣去分离提纯和进一步研究了。

　　伟大的人包括优秀的科学家有时也会犯错误。令人尊敬的杰出的拜尔这次也很不幸，他在偶然的机会中制备出了这种树脂，但并没有意识到，这是能够用人工方法合成的高分子化合物的先兆；他摸到了塑料之祖的鼻子，但没有抓住，使已经到手的宝贵成果从眼皮下溜掉了。后来人们认为这是19世纪化学的一大遗憾。不过，拜尔仍是伟大的，他首先进行了这个实验；而且更为宝贵的是，他详细记录了他认为是负面的、没有价值的结果。也许这正是真正的科学精神。

　　聪明的人，自己摔跟头，自己受教训；圣哲的人，看别人遇挫折，自己学见识。一位科学圣哲出现了。贝克兰德这位从比利时远渡重洋来到美国的学者，并不认为拜尔的废渣毫无价值，反而觉得这种硬东西也许正是他的宝贝。无论如何这是一种神奇的新物质，因为苯酚和甲醛都是相对分子质量很低的小分子化合物，而且都是气味很浓的液体，气味很浓也就是说它们的沸点很低。现在产物都是坚硬的固体，说明熔点、沸点都很高；对什么物质都不作用，极耐腐蚀，说明分子的结构非常特殊，是一种超乎寻常的奇特分子。贝克兰德真是太聪明、太有见地了。

　　想归想，做归做。只有行动才能把想法付诸实现。经过仔细盘算，贝克兰德仍然采用拜尔设计的化学反应，但他充分认识到，旧的反应条件还需要改善，才能使酚醛树脂获得理想的性能。他设计了一种新设备：里面有许多小反应室，反应室里的空气可以被抽掉，从而降低压力，避免空气的影

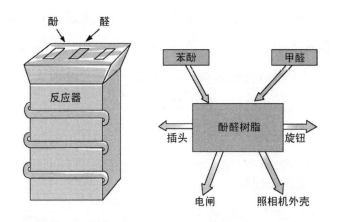

酚醛树脂的制备及其应用

响；反应室不采用直接加热，因为那样温度不好控制，而是用一些盘旋在反应室内外的蛇形管通蒸气加热，温度好调控且受热均匀，使生成物性能显著优化。

贝克兰德具有一个科学工作者必备的无限耐心，他采用不同的原料配比，并在不同的温度和压力下实验，每得到一种产物就认真分析检测其性能。他坚持不懈，没有节假日，也不知道白天和黑夜，困了就打一会儿盹，醒来再干，简直迷上了实验。如此持续了5年，先后获得了100多项专利，得到了优质树脂。他的科研成果引起化学和化学工业一场很大变革，创造了用人工方法合成高分子化合物的伟大成就，在化学发展史上标志着高分子合成时代的开始。

有趣的是，贝克兰德的发明是一个从"遗憾"中引出的奇迹。他的高明不仅在于他意识到了这种废弃物可能潜藏的

极大经济价值，更在于他对前人工作的独具慧眼。对于从事科研工作的人来说，文献人人都会查，但一般人是在寻找有用的资料以便吸取先进经验；而贝克兰德则是从前人失误的教训中得到有益的启示，做出精彩的成绩。

● 高分子理论的光辉

从薛拜恩制出硝酸纤维素到贝克兰德合成酚醛树脂，总共经历了半个多世纪，在取得分子"改性"和创造新奇分子的过程中，科学家们一直在思考、争论着一个问题：在自然界中存在着许多结构复杂的分子，如纤维素、蛋白质等天然物质，而赛璐珞和酚醛树脂的结构甚至比它们更复杂，好像青出于蓝而胜于蓝；而这些天然物、改性物以及人工合成物在性质上几乎都跟当时科学家们经常接触的小分子化合物如水、乙醇、丙酮等均不相同，这是为什么呢?

要证实发现一种新元素，必须测定它的相对原子质量。当年居里夫妇发现镭，就艰苦地在工棚里干了4年，从沥青铀矿中分离出了五千万分之一的氯化镭，测出了镭的相对原子质量，从而证实了镭的存在。要阐明一种化合物的性质，相对分子质量是一个重要数据。可是在很长时间里，科学家们找不到一种合适方法来测定这些复杂分子的相对分子质量。1920年瑞典化学家斯韦德伯格发明了超离心机，转速高达每分钟6万转，能产生比地心引力还强25万倍的力。超离心机的发明，使他有可能用测定物质沉降速度的方法，来测定这些复杂大分子的相对分子质量。斯韦德伯格因这项成果获得了1926年诺贝尔化学奖。

1922年德国化学家施陶丁格利用超离心机测定了许多复杂物质的相对分子质量。他发现许多大分子的相对分子质量数以万计，有的高达几十万，甚至几百万，就是说它们是由数万、数十万甚至数百万个原子组成的。根据这些实验结果和已有的原子、分子结构理论，施陶丁格提出了大分子和聚合作用的新概念。这里聚合是一重要的全新想法，就是说大分子化合物中形成了分子链，这种分子链由结构相同的单元重复连接而成。重复的链可以像一根线无限延伸，也可以交叉向不同方向延伸形成面状结构，还可以垂直向空间延伸形成网状结构，这样就可以解释为什么相对分子质量会这么大，为什么会变硬，为什么化学性质会稳定。一句话，这种大分子化合物的性能为什么会变得如此神奇。

施陶丁格沿着他的理论思路继续前进，提出了生命可以由大分子合成的论点。当时，这个说法在科学家之间引起了很大争论。有的科学家提

德国科学家施陶丁格和他的大分子结构

出异议："如果施陶丁格是正确的，那么就可能在试管中制造生命。"1926年在瑞士苏黎世的化学会上，面对最严厉的批评家，施陶丁格系统地论证了大分子理论。他说："现在并没有发现大分子的结构里有什么神秘和不正常的地方，根据简单的有机化学理论，只要正常的有机化合物通过一系列的化学反应，转变为足够大和复杂的大分子，就可以成为生命的源泉。"

任何新的理论最初提出来时几乎都会遭受反对，对此伟大数学家达朗贝尔有一句名言：继续前进吧，走自己的路！施陶丁格谦虚地说自己的理论没什么神秘之处，其实自此以后，高分子化学才有了本身的理论基础和科学体系，迅速迈入发展的黄金时代。为了和食盐晶体、水泥、陶瓷、玻璃、冰、金属等无机分子物质相区别，于是把有机的大分子物质称为高分子化合物或高分子聚合物，简称为高分子或高聚物。后来科学的发展确实证明了施陶丁格的论点，例如人工合成牛胰岛素，就是向合成蛋白质前进了一大步；弄清了纤维素和橡胶的结构，也为将它们"改性"及直接合成提供了依据；粮食的合成也只是时间问题。这些进展说明，生命物质的合成是完全可能的。

● "21世纪的奇事"

1953年对高分子化学工业来说是重要的年份，这一年德国化学家齐格勒首次将他在常温常压下聚合得到的聚乙烯展出。他用的是一种新型催化体系（后世称为齐氏催化剂），它可使聚乙烯的制备方法变得极其简单：在除去空气的反应罐中，加入一些类似汽油的液态物，然后加入齐氏催化剂，再通入乙烯并搅拌，此时乙烯气体都被液态物和催化剂吸收；1小时后，液体中析出固体物质；再过1小时，固体物

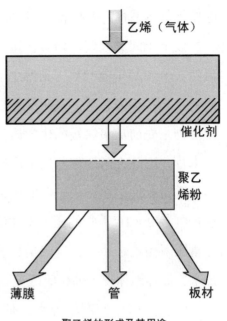

乙烯（气体）

催化剂

聚乙烯粉

薄膜　　　管　　　板材

聚乙烯的形成及其用途

变成很松软的面团状；然后用乙醇洗去液体物，经过滤、干燥就得到白色的粉状聚乙烯。这是第一次在常压下制得该产品，并于1955年建立了第一个低压合成聚乙烯工厂。联想到从20世纪30年代起科学家们就大力研发低压合成氨技术，迄今尚无突破，而常压制取聚乙烯只用了10年即告成功，我们就不能不赞美齐氏催化剂的巨大威力。在齐格勒工作的启发下，意大利米兰工业大学教授纳塔改进了催化体系，成功地以廉价的丙烯为原料，得到了高产率、高结晶度、能耐150摄氏度的聚丙烯，又一次在化学界引起轰动。齐格勒和纳塔的工作，开创了塑料工业发展的全新黄金时代，他们两人同获1963年诺贝尔化学奖。后来，世人把用于乙烯和丙烯聚合

的催化剂体系称为齐格勒-纳塔催化剂。

数十年间磨一剑，精诚使得金石开。齐格勒的成就绝非偶然。从1920年他22岁得到博士学位起，就致力于催化剂的研究，30多年来，他一直研究金属有机化合物特别是铝有机化合物。先前从事煤炭的化学研究，也没有离开烯类反应这一本行，因此，常压聚乙烯反应研究的成功，是齐格勒数十年辛勤耕耘的必然结果。他的成果是无与伦比的，过去只有在 $1 \times 10^5 \sim 2 \times 10^5$ 千帕的压力下才能使乙烯聚合，而今天可以在常压下使乙烯聚合，这确实是当时化学工业上划时代的新技术，最好地体现了催化的巨大威力。

什么是催化？严格说来，催化这个词包含着催化剂和催化作用两个概念，首次提出说明的是瑞典化学家贝采里乌斯。他在1835年写的论文《关于在有机化合物中起着作用的新力的一些看法》中指出，催化剂是能促进化学反应，但并不列入反应物质总项目的物质；催化作用是在异物存在的条件下加速原来缓慢反应的作用。贝采里乌斯以后，19世纪对催化作用的机理进行了系统研究，并对后世有重大影响的化学家是德国的奥斯特瓦尔德，他因此荣获1909年诺贝尔化学奖。

在初中的化学教科书中介绍氧气的制备方法中，二氧化锰就是熟知的催化剂。当用纯净的氯酸钾加热分解时，需要比它的熔点（368.4摄氏度）高约50摄氏度，即达到420摄氏度时才会有氧气缓缓放出；而在氯酸钾里加入少量二氧化锰后，加热到270摄氏度就有氧气迅速产生。过氧化氢加热分解可以制得氧气，但如加少量二氧化锰，则室温下也有氧气大量释出。

将催化剂的威力显示得淋漓尽致的化学反应是合成氨。实验和理论计算都表明，氮气和氢气放在一起能发生化学反应生成氨，若无催化剂，反应极慢。如在500摄氏度和1.5万千帕的压力下，即使经过几百年，生成的氨也不会超过每升几纳克（每纳克为10^{-9}克）；但在现代合成氨技术中，用铁催化剂，一天便可生产1000多吨氨。1913年，德国化学家哈伯在经历了8年约2万多次的配方实验后，发明了"熔铁催化剂"和高压催化合成，实现了合成氨的大规模生产，这是催化工艺发展史上的重要里程碑。仅在1908年的一年当中，就对大约2500种固体催化剂反复进行达6500次以上的实验。哈伯的工作推动了氮肥的大量生产，使谷物的产量成百倍增长，根据这一贡献，1918年他被授予诺贝尔化学奖，并被称赞为"用空气制作面包的人"。而只要将氨与空气中的氧气反应，就可以生产制作火药的原料硝酸。合成氨的原料氢气可以通过电解水制得，氮气则是空气的主要成分，两者都是取之不尽的。因此，谁掌握了合成氨的生产技术，就意味着掌握了面包和火药，就这样产生了第一次世界大战似乎是由氨引发的著名故事。更明白地说，是由催化剂引发的。

进入20世纪，围绕着旧德意志帝国开始混乱起来的欧洲风云，到了1914年，爆发了第一次世界大战。此前的6年，哈伯已发现了合成的氨催化剂；此前的1年，已完成了合成

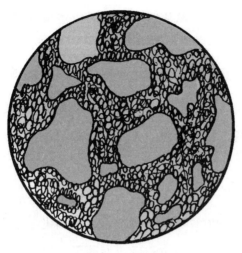

合成氨催化剂的表面活性结构

氨的工业化生产，至此，当时的德国已垄断了氨合成的技术。德国政府认为，只要有水、煤和空气，谷物和火药就有保证，德国就胜利无疑了。这样，氨合成催化剂技术的掌握，促使德国领导集团下了开战的决心。从这个意义上看，新的催化剂的发现和采用人工手段在短时期内用它建立大量生产必需用品的化学工业，是涉及一个国家生死存亡的大事。

目前，由工业提供的化学产品有85％是借助催化剂生产的，人们说，催化剂是化学工业的心脏。但是，催化剂的威力到底来自何处，它的作用到底奇在哪里，直到今天人们还没有找到直接检验的手段。因而，就好比是一个暗箱，材料从入口进去，产品从出口吐出，暗箱里到底是什么内容，只能采用敲打或摇晃箱子来猜度。例如，变更暗箱内的物质，改变浓度、温度、条件等等，这就是像哈伯的合成氨催化剂或寻找治疗梅毒的特效药以及齐格勒–纳塔的聚合催化剂一样，碰到什么试验什么，搞上几百次甚至几万次，花上一年至十几年。解读催化剂的暗箱，仍是"21世纪的奇事"。

● 奇妙的人工器官

　　人工器官和人工组织就是用高分子生物材料做成的人体器官和组织的代用品或替换物，用来修补和顶替人体中原有的已病变、衰竭或受害的部件，矫正或治疗畸形的机构，促进受伤组织的愈合，以及健全器官的功能，如头盖骨、心脏、肺、肾、耳、鼻的人工制品和隐形眼镜、假牙等。它们的重要性是尽人皆知的，但它们的奇妙特点，则需要仔细品味。

　　古代的帝王在拥有大量财富，过着极其奢侈的生活，对人世荣华富贵的留恋之外，还盼望和幻想长生不老。秦始皇派徐福赴海外仙岛求仙药，汉武帝使东方朔祈上天赐仙方，他们的目标没有达到，自然愿望也永远不会实现。但是，对于现代人来说，健康、延年益寿并不是过高的要求；人们希望即使到耄耋之年也能保持思路清晰、行动自如，甚至为社会继续做出贡献，这并非奢望。此外，由于患病或某种意外事故，人体器官和组织损伤时，也需要有代用品。例如，1982年美国一位濒临死亡的心脏病患者，在换上一颗高分子材料制成的人造心脏后，又活了112天，后来这个记录在不断刷新。目前除人造心脏外，已能制造人工肾脏、人工骨

骼、人工皮肤等。

前苏联科学院曾报道已开发出一种生物胶，可喷涂在伤口上，使其立即止血并合拢，代替手术后的缝合。这种生物胶就是一种全新的高分子黏结剂。

对这些医用材料的选择，要求十分苛刻。首先，它必须对人体各组织无害，即这些材料植入人体后不会引起周围细胞组织的感染、发炎和病变；其次，它们不会在接触血液时形成血栓；还要考虑到人体对植入材料的排异反应。总之，要求考虑所用材料对人体的全面生物相容性。

人工肺是目前研究得较详细的，应用较成熟的生物材料器官。其中主要包括了万根高分子材料制成的空心纤维管，每根长20厘米，内径250微米，表面布满极细的小孔。这些空心纤维管组成了人工肺的"肺泡"，由主管和心脏连接，形成血液循环回路。纤维管表面的无数小孔替代了人肺上的3亿至7亿多个肺泡组织，形成$60米^2$~$120米^2$的气体交换面积，小孔不仅可以透析二氧化碳，还能吸进氧气，其功能和人肺完全相同。人工肺除用材十分讲究外，结构也极其精巧。

人工肾是研发得最早而又最成功的人造器官。由肾炎引发的肾功能衰竭最终导致尿毒症，是不可逆进展性重病，也就是这种病最多只能控制，无法减轻和治愈。即使是换肾，也必须终身配服昂贵的药物，因此最好是用人工肾。它实际上是一台透析机，血液流经透析装置后，血液中的排泄物即废物就有选择地透过半透膜，而血细胞、蛋白质、糖类以及体内其他营养成分则不能透过。要制得微型人工肾，关键在于研制出高选择性的半透膜。在显微镜下观察到，已开发出的优质半渗透膜上布满了微孔，其孔径只有百万分之一到千分之三毫米，还不到一根头发丝的百分之一。

人工关节是利用高分子生物材料的可调性，模拟人体骨骼的机械和化学性能制成的，被替换的关节可以运动自如，这对于老年骨质疏松患者、截肢者或其他瘫痪者的救治均有重要意义。就人工关节来说，不仅要求稳定和有弹性，还要具有高度的耐磨性，这是因为人体肌肉里绝对不允许植入物因摩擦而产生任何碎屑。现在已研制成超高分子的聚乙烯，不仅能跟骨骼牢固地粘接在一起，而且弹性适中，耐磨性好，有自润滑作用，在临床上取得了满意的效果。

心脏是人体输送血液的动力泵，人工心脏主要由动力部分、输血部分（简称血泵）和监控装置组成。由于心脏的操作连续性和不停性，对材料及装置的要求极高。动力部分可用压缩空气或高压水组装；监控装置则是一台小型电子计算机，它们按特殊要求设计和植入人体；血泵是人工心脏的主要组成部分。通常血泵的外壳用不锈钢外覆盖聚氨酯和涤纶的材料制成；内部隔膜用有机硅橡胶和聚氨酯橡胶等材料构建。对这些材料有许多特殊要求，例如有良好的机械强度，能长期挠曲而不产生疲劳；生物化学稳定性优、无毒、不会致癌等等。现在有机硅橡胶能维持1.6亿次挠曲，聚氨酯橡胶能经受1.5亿次挠曲，但这些也只相当于人体4年内的心跳总次数。由于材料质地

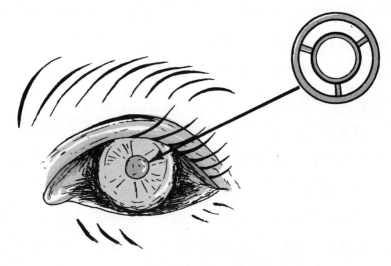

有机玻璃制成的人工角膜

及组装各方面的原因，人工心脏的移植还远未成功。

人工角膜是高分子生物材料中的有机玻璃在医学上的一个绝妙用处。眼睛是赐给我们光明的天使，它集中代表了我们的形象和性格，伟大的作家鲁迅说，你要描写一个人吧，只要着力描写他的眼睛就行了。所以在电视上，在图画中，如果想让一个人出现而又不要被人认出，就用一层障碍物盖住他的眼睛，以此可知眼睛的奇妙功能。人们早就知道使人失明的白内障以及全角膜白斑病就是原本透明的角膜长满了浑浊物，光线不能进入，而且无药可治。于是，医学家们早就设想用人工角膜来取代长满白斑的角膜。

所谓人工角膜，就是用一种透明物质做成一个直径只有几毫米的镜块，然后在人眼的角膜上钻一小孔，把镜块安上，光线通过它进入眼内，人就可重见光明。这真是一个美好的想象。有想法就好，科学的想法是创新的生命。为了实现盲人复明的梦想，早在1771年，就有眼科医生用光学玻璃磨成镜片，植入角膜里，但未获得成功。后来，用水晶代替光学玻璃，结果好一些，但只用了半年就失效了。尽管几百年来梦难圆，但人们并未完全失去希望。

机会来了。第二次世界大战中，有许多飞机失事，机上用20世纪30年代新发明的有机玻璃做成的座舱盖被炸，飞行员的眼睛里嵌入了这些玻璃的碎片。事过多年，虽然这些碎片并未被取出，但也没有引起人眼的炎症或其他不良反应。这说明，有机玻璃和人体组织有良好的相容性。这样就启发了眼科医生用有机玻璃来做人工角膜，如今已获成功并普遍用于临床。

科学的进步无止境，由于有机玻璃透光性好，化学性质稳定，对人体无毒，容易加工成所需形状，特别是能与人眼长期相容，于是隐形眼镜的发明就瓜熟蒂落了。这种眼镜的特点是将镜片装在眼睑里，可以随时自行装卸，外表上看不出来，所以称为隐形。不过，最好的镜片也还是亡羊补牢，真正的保护神是谁呢？

● 歪打正着结硕果

　　2000年的诺贝尔化学奖授予了导电聚合物的三位研究者：美国宾夕法尼亚大学化学家马克迪尔米德、加利福尼亚大学物理学家黑格和日本筑波大学化学家白川英树。这表明科学界在长期关注通用高分子材料后，开始重视那些有特殊功能的高分子化合物性能的研究。高分子化学和相关工业的起步和发展都是从聚乙烯、聚丙烯、酚醛聚合物等这类通用高分子开始的，主要是利用这些高分子化合物的力学性能、机械和加工性能、化学稳定性等特性，制造结构材料、合成纤维和橡胶等，在代替金属材料和天然材料方面起了很大作用。现在人们又开始重视有特殊功能的高分子材料的研究。这些材料除了保持通用高分子固有的优点外，还在导电性、光敏性、化学活性等方面有一系列新特点，这是由于它们在分子结构上具有显示某种功能的基团。

　　一般认为有机化合物和高分子化合物都是不导电的，是绝缘体。然而，早在1862年，英国伦敦医学专科学校的列塞拜就曾在硫酸中电解苯胺而得到少量导电性物质（可能是聚苯胺）。到20世纪50年代末期，为了扩大高分子的应用，利用改变高分子化合物的化学结构，以达到改变其电性质的目的，使高分子的导电率发生了十几甚至几十个数量级的变化。迄今，人们已在实验室中制成了高分子半导体、高分子导体和高分子超导体，人们为此进行了艰苦的努力。

首先，1958年，意大利科学家纳塔及其合作者以铝-钛系列催化剂，在己烷中由乙炔合成聚乙炔。虽然聚乙炔有良好的晶体结构，作为导体看来很有希望，然而它却是一种对空气敏感、难溶解、难熔化的粉末，因此没有得到应用。1974年，日本的白川英树等在重复聚乙炔的实验中，偶然地摄入了过量1000倍（错误操作）的催化剂，却令人兴奋地合成出了有银白色光泽的聚乙炔薄膜。真是歪打正着！在世界的另一边，美国的黑格和马克迪尔米德一直在合作研究着像金属的另一种高分子薄膜。历史真是巧合，马克迪尔米德到东京参加一次学术研讨会，会议休息期间，白川英树向他提到了自己的研究结果，这立即引起了这位美国同行的注意。机会总是为训练有素的人提供，美国科学家以高度的敏感立即邀请这位日本同行去自己的宾夕法尼亚大学实验室工作。他们用碘对聚乙炔进行掺杂，得到了电导率接近金属的导体，比原来提高了1000万倍。这样他们就成功开发出了聚合物导体。

感光性高分子指某些高分子化合物在光的作用下，能够迅速发生光化学反应，从而引起物理或化学性质变化，它们是印刷电路、彩色电视荧光屏的制作，尤其在制造大规模集成电路等微型电路上不可缺少的材料。大规模集成电路是

以微米（10^{-6}米）为单位的精密图案线条，只相当于头发丝
的几十分之一，不可能采用铜锌板制作，而只能使用感光树
脂。这是一种含特殊功能基团的聚合物，将它涂在半导体材
料如硅片的表面，在上面盖一块掩模板（相当于照相时用的
照相底片），然后用紫外线（高压汞灯下）对感光树脂曝
光。经过曝光后，受紫外线照射的部分变成不溶于溶剂或腐
蚀液的硬膜，而未受紫外线照射的部分可以用有机溶剂洗
去，从而进一步制造集成电路。其基本原理与照相相似。

● 超级过滤器

现代超级过滤器——高效离子交换树脂也是高分子化合
物，主要用于纯水制备、锅炉水软化、海水淡化和其他药剂
的纯化。

在原子能和半导体材料的研制中，需要使用纯度极高的
化学试剂，才能得到很纯的产品。例如，研制半导体的硅，
其纯度要求是硅的含量达到99.9999％，也就是说其杂质总
量不得超过0.0001％。生产这种硅的实验室，称为超净实验
室，空气需经3次过滤；实验人员的头发、衣、帽、鞋均需
特殊净化；水必须是超纯的。过去，人们以为蒸馏水是纯
水，至多玻璃蒸馏器可能由于玻璃溶解引入杂质，那就改用
石英蒸馏器，20世纪30年代相对原子质量测定中的纯水用铂

金蒸馏器制得。后来发现，用高效离子交换树脂交换2次制得的水的纯度相当于用石英蒸馏器蒸馏39次。

以前火车、发电厂的锅炉均用天然水，由于含有盐，常常发生爆炸。这是因为水在变为蒸汽的过程中，水中溶解的盐越积越多而沉积在锅炉内壁形成水垢，就像我们家庭用的烧水的壶也常有水垢一样。水垢传热性很差，不仅浪费燃料，而且易使水过热，引起水蒸气突然冒出，使锅炉爆炸。那怎样去掉或减少水中的盐分（这个操作称为水的软化，盐分少的水称为软水）呢？过去是用加药剂，甚至先将水蒸馏或加热沉淀去盐的办法，但这样成本高，操作也不方便。而改用离子交换法处理工业用水后，就能高效且连续自动地运作。

舰船航行在大海里，可谓"遍地"都是水。遗憾的是这些水含盐量太大，它既不能做锅炉用水，也不能饮用。淡化就是把海水中含的盐分除去变成淡水，这是一项重要工作，过去很难解决。波斯湾许多国家如沙特、科威特，富产石油但淡水奇缺，虽濒临大海，而水比油贵。为了研究海水淡化问题，自20世纪70年代以来，人们想起利用1950年美国化学家区达尔发明的离子交换膜，并使它和直流电结合起来，开发出了电渗析技术。离子交换膜是将离子交换树脂粉碎后，用胶黏剂和增强材料制成膜状物质，同样起到离子交换的作用，并且运输、使用、保存也大为方便。离子交换膜分为阳、阴两种，阳膜在水中只允许阳离子透过，而不允许阴离

子通过；阴膜则正相反。电渗析技术就是把一张阳膜、一张阴膜，又一张阳膜、又一张阴膜，交替隔开排列起来，在其两端分别接上外加的直流电。然后，在每张阳膜和阴膜之间的隔室里通入海水。过一定时间后，就得到淡水和浓盐水，而后者可进一步析晶得到海盐制品。

离子交换树脂的特殊功能是由于它的分子结构中含有特殊的基团。1935年起人们开始用硫酸处理煤制成磺化煤，将氢离子引入天然产物。而后到20世纪40年代在合成树脂中引入含氢离子的基团，得到阳离子交换树脂；引入含氢氧离子的基团，得到阴离子交换树脂。离子交换树脂是由两部分组成的，一部分是树脂构成的骨架，另一部分是和骨架相联的活性基团。骨架是高分子网状结合，因此不溶于任何溶剂；活性交换基团则是将树脂用酸或碱进行处理得到具有特殊本领的关键"部件"。离子交换树脂还有一个特点，就是它在使用过一段时间，失去交换能力后还可再生，操作也非常简便。20世纪60年代以后，又开发了新的专门吸附特定金属成分的螯合型离子交换树脂，例如它专门吸附海水中的铀或金，而不吸附其他元素，于是只要将这种离子交换树脂浸入海水中，经过一定时间后取出，再进行洗脱和精制，就可从海水中源源不断得到极重要的原子能材料铀和日常生活中宝贵的黄金。

离子交换树脂还解决了抗生素发酵生产中新霉素提纯的大难题。有的离子交换树脂只吸附发酵母液中的新霉素，于是让发酵液通过这种树脂就行了。在医药领域，离子交换树脂还有很多应用，如在食物中掺点阳离子交换树脂，可以减少胃酸，治疗胃病；将血液通过树脂，清除钙盐，能使血液长期保存而不凝固。

五、超群拔类的复合材料

复合材料指两种或两种以上材料的结合体，复合材料的特点是它比任何单一成分材料的性能都要优越得多。当然，不是任意两种材料凑合在一起就能成为复合材料的。为了探寻复合材料的奥秘，科学家们进行了100多年的努力。

● "9·11"事件和"7·28"事件

2001年9月11日上午，美国纽约世贸大厦的两座大楼被飞机撞塌，留给了世界无穷的思索。对于科学家们特别是化学材料的研究者来说，影响尤为深广。人们在想：大楼为什么如此不经撞？它的材料不硬吗？它的结构不合理吗？建筑时偷工减料了吗？目前，全世界特别是美国政要们从政治上、从国际关系方面考虑得多；比较而言，科学界、技术界从材料方面的探究就相对较淡薄。在20世纪70年代建造这些大楼时，建筑师们在挑选材料时就曾费过一番心思。他们优选了当时质地最好的合金钢，这种材料强度大、硬度高、楼层接合严密，形成一种互相牵拉的整体结构，经得起12级台风、各种龙卷风的袭击，也耐得住地震、雷电或爆炸的侵扰。但他们忘记了或者根本就没有想到，正是合金钢优良的导热性，促成了大厦的迅速坍塌，因为大楼的材料也许经得起飞速而来的机体的撞击力，但它满载油料迅速发热升温，使建筑物整体变软、熔化，从而解体，却是无法抵御的。

"9·11"事件使人想起早年的"7·28"事件。

还是在20世纪20年代末，美国政府为了炫耀实力，于1929年10月决定建造一座102层高的当时世界最高的大楼即"帝国大厦"，以便向世界显示纽约这个世界经济金融帝国的强大和气派。用什么材料呢？建筑师们大胆采用了"混凝土"结构。1年零8个月后，帝国大厦

纽约"帝国大厦"

竣工。这真是一座摩天大楼！远远望去，就像一根电线杆；从飞机上看，则像一个火柴盒。住在大楼周围的许多人担惊受怕：万一这座大楼被风吹倒，或因自身的摇摆而折断，怎么办呢？

1945年7月28日早晨，正值大雾天气。一架新启用的B-25型轰炸机迷失了方向，撞在了大厦的第97层上。随着一声巨响，一团火光烛天，发出震天的轰鸣，住在附近的人乱作一团；不少人都以为是大厦倒塌了，争先恐后地往外跑。然而，这次撞击的结果：飞机碎了，大厦并没有被撞倒；只是第97层的一道边梁和部分楼板被撞坏；一架电梯掉下来，11人死亡，25人受伤。与"9·11"事件相比，"7·28"事件的损失可谓小多了。

为什么"7·28"事件的损失小呢？因为"帝国大厦"用的材料是复合材料"混凝土"。一件新事物，需要检验才会受到重视。"7·28"事件是混凝土发明后经历的一次

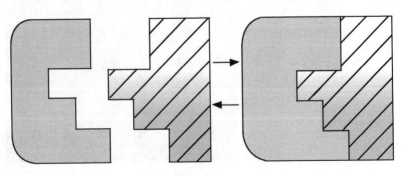

复合材料界面的隼槽式结构

"有趣检验"。19世纪中叶，法国工程界首先提出在水泥中混入钢筋的设想，旨在充分利用钢筋抗拉强度高和水泥在水作用下硬化的优点。当时曾用水泥、钢筋和沙石成功地筑起过水坝，这种水坝就叫混凝土水坝。钢筋混凝土是一种典型的复合材料。其实，早在远古时期，人类的祖先就用麦秆和黏土制成砖和土坯，它们比单用黏土制的耐用，这就是最早的复合材料。钢筋混凝土就是在这种古老的复合材料的启发下发明的。

复合材料究竟强在哪里？人们已经知道，复合材料通常由基体（如水泥、黏土）和增强体（钢筋、麦秆）两者组成。并不是任何两件材料都可以复合，需要基体和增强体之间有良好的黏结力和相容性。进行复合材料研制时，人们的大量精力就消耗在探寻这种相容性上。可以观察到，基体和增强体之间有一个黏结面，称为"界面"，复合材料强就强在这个界面上。通过界面，裂缝被阻断了，原来容易碎的东西就不碎了；通过界面，材料被黏结起来，强度增加了；通过界面，结构得到调整，例如原先的缺陷被填充，抗磨损和耐温性都得到优化等。可以说，界面是复合材料的核心，没有界面就没有复合材料。想创造和发明更新更好的复合材料，就需要多多积累关于界面的知识，留心观察各种界面的变化和信息。

● 复合材料的元勋

　　1942年美国科学家发明了玻璃钢，这是最早出现的复合材料，它是将玻璃纤维浸渍酚醛树脂的液态原料后，经压模成型、固化后制得的，这也是第一种玻璃钢。其实它除了质地"坚强如钢"外，组成中根本不含铁，因此可以说和钢毫无关系，也不是钢化玻璃，更不是玻璃和钢的复合体。实际上，玻璃钢是一类纤维增强塑料的俗名，它是纤维与一种或几种树脂复合加工而成的。常用的纤维除玻璃纤维外，还有碳纤维、硼纤维等；塑料则除酚醛树脂外，还有环氧树脂、聚酯树脂等，品种也在不断扩大。

　　普通玻璃很脆，易摔碎，但透明且相当耐腐蚀。如果将玻璃熔融拉成丝后就成了玻璃纤维，性能就发生了很大变化，例如变得很柔软，富有弹性，韧性也好，甚至可以织成布。同时玻璃纤维越细，强度就越高。而树脂（如酚醛树脂）硬、耐腐蚀且质轻。把两者的优点结合起来，就成了全新的复合材料：像玻璃一样透明，像钢一样坚韧的玻璃钢。

　　玻璃钢的强度提高，使我们想起了钢筋混凝土。实际上玻璃钢的发明也受到了钢筋混凝土应用的启发。在钢筋混凝土中，承受外力的主要是钢筋，但混凝土是不可缺少的，它

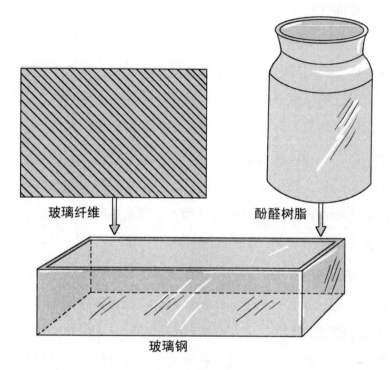

玻璃纤维　　　　　酚醛树脂

玻璃钢

玻璃钢的制备

将钢筋黏结为一个整体，不但赋予结构构件以一定的外形，而且增加了强度。在玻璃钢中，玻璃纤维的作用与钢筋相似，而酚醛树脂则起着混凝土的作用。两者的结合使玻璃钢具有惊人的强度和其他优异性能。

玻璃钢最先用来制造高压气瓶，储存氢气、氧气、氮气、氩气、二氧化碳等气体，它可耐5×10^7帕的压力，从山顶滚到山下也不会摔破，节约了大量优质钢材。玻璃钢高压气瓶的另一个优点是质量轻。通常一个充满氢气或氧气的钢质高压气瓶质量约100千克，需要两个强壮的人才能搬动；

而玻璃钢气瓶不足30千克，用一个人搬就够了。

玻璃钢可以制成能承受强大力量的构件，如船舰的螺旋桨。由于要用它产生推动船舰前进的力量，所以要求桨叶和整个推进器具有很高的强度和刚性。通常内河船只的螺旋桨都用铸铁制成，而海洋轮船则多用铜制的，每只桨需要用铜半吨左右。用玻璃增强的尼龙可制成海上渔轮螺旋桨，它貌似金属制品，敲击时还能发出金属声，它的强度和刚性完全能满足要求，更重要的是它节约了大量贵重的铜，使制造成本大大降低。

玻璃钢还可用于制造全塑自行车，最新的品牌整车重只有36千克，强度一点也不比钢制自行车低。玻璃钢也用于制作汽车的各种部件，所谓全塑汽车是指除发动机等少数部件外，小轿车的车身、内装饰材料都是用玻璃钢和其他塑料制成的。此外，玻璃钢还可以制造汽艇、扫雷艇、救生艇、游艇等的船身，能经受住海上8级风浪。

20世纪80年代，玻璃钢开始用于制作机翼机身，使飞机重量能减轻20％~30％。用它代替铝合金或钛合金，飞机的强度和刚性一点也不降低，用来制造军用飞机效果更为显著。因为一架军用机自重减轻15％，用同样多的燃料，载重可增加30％，航程和飞行高度均可提高10％，起飞跑道可缩短15％，这对于航空母舰的设计和建造有重要意义。

玻璃钢不但强度高，同时还有优良的耐腐蚀性能，从而成为一种重要的耐腐蚀材料，这对于化工、医药有关行业的重要性是不言而喻的。铅是一种耐腐蚀的金属材料，它能耐具有强烈腐蚀性的硫酸的作用，所以化工厂的反应釜和管道常用铅做衬里，汽车上的蓄电池也是铅制品，又笨又重。如用玻璃钢来代替，耐腐蚀性不成问题，且轻巧又容易加工。玻璃钢还适于做阀门、泵、风机，也可用于制作运输腐蚀性液体的汽车槽车和火车槽车以及化工厂和药厂的贮腐蚀性液体的贮槽、腐蚀液池衬里和大面积防腐蚀的地坪。石油的腐蚀性也是很强的，由于含硫、硫化物、盐类等，通常对运输管道的侵蚀十分严重，而玻璃钢则可用来代替钢材制造输油管、输油车，大大节约了钢铁。

玻璃纤维增强塑料也在建筑结构中广泛应用，用它制造的组合房屋和建筑工棚、营房、书报亭、售货亭等，重量轻、美观，拆卸方便，机动灵活；做成卫生间、浴室，强度高，适于现代化大型建筑设施；玻璃钢制波形瓦，绚丽多彩，质轻，加工性能好，可以制成各种形状、不同颜色，满足对城市建筑物高水平的美化要求。玻璃纤维增强塑料门、窗和家具，可以代替现在通用的木材、铁、铝等。其他各种建筑器件如落水管、落水斗、冷却水塔、自来水管、净化槽、水槽栏杆标志、桥梁、灯杆、高速公路交通标识等，无不显示出玻璃纤维增强塑料的广泛神通。

在现代高科技领域，玻璃纤维增强塑料也大显身手。它的优良绝缘性能和高强度，特别适合制造印刷线路板、高压绝缘子；它还有隔热、隔音的特点，可用于制发电机和电动

机的罩壳、套环。玻璃钢在太阳能、地热能、风能、海洋温差、超导等新能源开发中得到应用：用来制造风力发电的叶片，重量轻、抗腐蚀、耐疲劳、抗裂纹扩展性能均佳，超过金属叶片；太阳能加热系统中用这类材料制造热水器、平板集热器、大型抛物面集热结构的能源塔，集能效果好；在开发地热能中用来制作管道，有利于防止热能散失；在利用潮汐能中，将玻璃钢制成环形礁漂浮于海面，海浪进入其中，推动涡轮转动而发电。

如今随着人们生活水平的提高，休闲、娱乐、健美事业理所当然得到迅速发展，玻璃钢的应用也得以很好展开。首先是用来制作体育用品：利用其轻质、高强度、高弹性、高阻尼性能，制成的高档体育器械如网球拍、钓竿和高尔夫球棒已普遍使用，市场需求稳定；赛车和山地自行车的减重，

你见过水下自行车吗

效果也非常显著，目前已生产出3.6~5.4千克的微型折叠式品种；水中的某些运动，因水的阻力可达到空气阻力的百倍以上，对健美训练的效果更为优越，例如水下自行车运动在减肥、训练海拔高度适应方面非常有效，用玻璃钢制器材非常理想。其次，一些依照使用者的喜好、要求和时尚设计的新型娱乐、运动器械，如弓箭、雪车、撑杆跳杆、航模、漂流船、登山探险设备、滑翔机、风筝等的制作，改变了这些运动的形象和面貌，和过去的木制或金属制品相比，有其难以达到的优点。

● 火中凤凰

当你在电视上，或有幸在现场能够亲眼目睹火箭升空或返回式飞船溅落大洋时的壮观场面，看到火箭的尾部喷射火焰和飞船表面像一团火球时，一定会想，它们为什么不会被烧毁呢？它们里面的仪器、各种设备乃至宇航员为什么能安全如常呢？这正是复合材料大显神通的地方。

宇宙飞船和人造卫星的飞行条件非常严酷而苛刻，特别是当它们重返地球，经过大气层时，要经受高温的考验，其外壳温度可达5000摄氏度以上，即使熔点最高的金属钨（熔点3410摄氏度）也会被烧毁。自20世纪50年代起，玻璃钢就作为耐高温材料在热防护系统中得到应用，主要用于制作导

弹弹头、火箭发动机的喷嘴喉部、航天飞机的鼻锥、机翼和尾翼前缘。现代，已发展成专用的烧蚀材料。

烧蚀一词早就被天文学家用来描述陨星进入地球大气层时的侵蚀和碎裂现象。自20世纪50年代末以来，烧蚀的有关技术在宇航领域得到发展。这里，烧蚀一词是指当飞行物体（如导弹、航天器）进入大气层时，在热流作用下，它的表面的物质受热烧掉一部分的现象。你一定看见过流星吧，它是宇宙空间的一种高速飞行的星际物体，有时也会闯入地球的大气层。由于高速飞行会产生高达几千摄氏度的高温，因此会使流星迅速燃烧，并发出明亮的光辉，这就使我们在晴朗的夜空中可以看到流星画出的一道眩目的轨迹。洲际导弹如以马赫数20~25进入大气层，这是一个很高的速度，因为科学家们以声音在常温下在空气中的传播速度每秒340米为1马赫（这是为了纪念德国力学家马赫而命名的），这时导弹头部的温度可高达8000~12 000摄氏度，解决防热问题就成为发展中、远程导弹的关键技术。为了防止宇宙飞船、人造卫星和洲际导弹像流星一样被烧毁，目前的办法是在它们的外壳上使用一层称为烧蚀材料的复合材料。

烧蚀材料的特点是它们在热流作用下会发生分解、熔化、蒸发、升华等吸收热能的变化，借助材料自身的质量消耗带走大量热能，就好像感冒患者用发汗来降温一样，从而阻止热流传入结构内部。因此，宇宙飞船等在重返地球时，依靠表面剥掉一层皮（保护层被烧掉），而使整个飞行器完整地被保护下来；由于烧蚀过程中，原来的材料有一部分被炭化或熔融，形成隔热层，使飞行器内部感觉不到外面的熊熊燃烧而产生的高温。

烧蚀材料的开发大大拓展了复合材料的应用范围。20世纪60年代初用于中程导弹头部和宇宙飞船返回舱的复合材料是石棉酚醛，也就是用石棉纤维强化的酚醛树脂；自80年代以来，在远程导弹和固体火箭发动机喷管中广泛应用的是碳酚醛，也就是用碳纤维强化的酚醛树脂。至今，烧蚀防热及其材料研制仍是火箭技术的关键内容。

酚醛树脂基复合材料具有成碳率高、碳层强度大、工艺性好等优点，是碳化型烧蚀材料的代表，它主要是利用高分子材料在高温下热解碳化吸热，并利用形成的碳化层辐射散热和热解气体达到防热目的的。

由于导弹和航天器进入大气环境情况的多样性，不可能由一种材料来满足所有防热设计要求，对执行不同任务的不同飞行器要选用不同材料，而且同一飞行器的不同部位用的材料也不同。例如，玻璃酚醛树脂在烧蚀过程中会在表面形成一层黏性液膜，起着保护碳层的作用，适用于中远程导弹；但在卫星、飞船返回再入大气层的条件下，由于速率逐步降低，热流低，不足以使玻璃这种无机纤维熔化形成液膜，而作为基体材料的酚醛树脂则不断热解碳化，使纤维失去支持，致材料开裂而破坏，故不适用。与此相反，一些有机纤维增强的酚醛树脂如涤纶-酚醛，即用涤纶纤维强化的

酚醛树脂，在高热流、高气动剪切力作用下，由于碳质疏松、机械剥蚀严重，根本无法使用，然而在返回式卫星中却是一种成功应用的典型烧蚀材料。

这些说明，烧蚀材料的合适匹配、结构和功能的选择，有很多学问，值得深入研究。以往烧蚀材料还有一个明显的缺点就是一次性使用。随着导弹与航天技术的发展，目前正在向重复使用方向推进。1981年4月，美国"哥伦比亚"号航天飞机首航成功，说明已掌握了辐射防热结构的设计与制造技术，航天飞机防热系统所使用的已经不是一次性使用的烧蚀材料，而是可多次重复使用的热结构材料。要达到这个水平，有待更深入的技术解读。

● 从肯尼迪总统遇刺身亡谈起

1963年11月22日美国总统肯尼迪被刺身亡后，开发安全玻璃的速度加快了，政府首脑在社会公众面前的重要演说，常常需要在"玻璃箱"中进行。现在常用的安全玻璃有：防弹夹层玻璃，它们能抵御枪弹及炮弹射击而不被穿透和炸碎；防盗玻璃，用简单工具难以撬开和破坏；防鸟撞玻璃，用作高速飞机的风挡，具有抵御大型飞禽如鹰鹫撞击而不被破坏的功能，以保障飞机安全起飞和着陆；还有抗静压玻璃（用于潜水艇及其他海底作业）、防爆玻璃（用于矿山爆破、坦克窥孔和战争前沿阵地指挥所）等。

人们把1953年在德国首先开发的聚碳酸酯类塑料认定为最早的安全玻璃，因为它像玻璃一样透明，像钢一样坚韧，用这种塑料做成3厘米厚的板材可以阻挡从4米远处射来的38口径步枪子弹。在一般情况下，真是够安全的了。但是科学界和工业界仍然认为，1927年德国罗姆–哈斯公司的化学家，在两块玻璃板之间将丙烯酸酯加热聚合时生成了黏性橡胶状夹，成功地用作防碎的玻璃，作为安全玻璃的首次问世。1936年罗姆–哈斯公司首先将这种复合材料型玻璃做成飞机座舱罩和风挡玻璃。

其实安全玻璃的发明还可追溯到更早。1857年的一天，英国著名玻璃生产商牛敦家里发生了一起窃案：小偷在牛敦先生家阳台上的玻璃门上敲了个洞，顺利进去后将他家的珠宝首饰及值钱财物洗劫一空，然后又从原路从容返回。这真是"大水冲了龙王庙"，牛敦先生原先很为他漂亮时髦的玻璃门而自豪，现在却感到正是这无用的玻璃门使他破财。于是他很想在自己的玻璃厂里制造出一种坚固耐用、不易打碎，像钢铁一样结实的玻璃。开始他想，如果趁玻璃液还没有完全凝固，将一块铁片夹进去，肯定可以提高玻璃的强度，但那样将使玻璃不透明，也就不能称其为玻璃了。顺着这条思路，牛敦想，要是在这铁片上打许多洞，就解决了透光的问题。他厂里的工程师彭奈迪脱斯提出用编织的铁丝做成渔网的模样，将玻璃粘住，实际上这也是钢筋水泥的制作思路。当这种中间夹一层铁丝网的玻璃做成后，变得特别坚固，用力撞击，仅仅出现一些稀疏的裂纹；用铁锤或石头砸，它虽然能裂开，但所有的玻璃都粘在铁丝上，并不破碎伤人。这就是最初的安全玻璃，后人称之为"保险玻璃"，意思可能是指它不伤人。

为了提高玻璃的强度和改善玻璃性能，在20世纪初发明了钢化玻璃，系将刚熔炼成的玻璃板突然用冷风吹，使之骤然冷却，这时玻璃的表面结晶化，强度大大提高，达到了钢板的水平，并且这种玻璃破碎后，成小块崩裂而不伤人，但仍然很脆。然而它在日后作为复合材料的组分制作高品位的安全玻璃中发挥了重要作用。

目前安全玻璃仍通用早期的夹层浇注法制备，方法是将有机原料按照一定比例的配方，制出黏结剂浆液。在合适温

抗拉强

韧性好

韧性好、强度大的钢化玻璃

度下使浆液预聚合，这个温度选择很重要，如为丙烯酸类液则为95~100摄氏度，材料和配比的不同温度也不同。待达到一定黏度后，排除气泡，灌注到经过预处理并已合好模的两片或多片玻璃中间，排出残余空气，封住灌浆口，密封后放入聚合箱内，通过加热聚合或光照聚合，而制成夹层玻璃。浆液在配制过程和灌注过程中，要避免水分渗入，以防玻璃出现浑浊。

对安全玻璃的质量须经严格检测，目前我国采用国际上的先进标准。这种检测方法也很有趣。例如，抗冲击性是安全玻璃保证安全性的首要指标，考核得最严。规定用质量为1040克的钢球，对6块夹层玻璃试样进行冲击实验，标准是玻璃不得破坏或者虽损坏但中间膜不得断裂或因玻璃剥落而暴露。5块以上符合要求者为合格；3块以下符合者为不合格；4块符合时，则追加6块试样，均符合者为合格。又如，抗穿透性也是安全性的一项重要指标。考察办法是将试样4块一组，用质量为45±0.1千克、下落高度为30~230厘米的霰弹袋冲击玻璃试样，这种袋用直径2.5毫米的铅沙装填。每块试样在同一高度最多进行两次冲击，从30厘米高逐渐上升，直至使构成夹层的两块玻璃全部破坏，而且破坏部分不可产生能使直径为7.5厘米的球自由通过的开口。对安全玻璃还有耐热性、耐光性和其他特别要求。

安全玻璃的新品种不断涌现，根据用途的不同，其原料和结构亦不同。目前在市场上受到欢迎的很多，主要有：

普通夹层玻璃，由两层玻璃和一层黏结剂构成，一般用于汽车的前风挡和高层建筑物的窗户；防弹夹层玻璃，能抵御枪弹及炮弹射击而不被穿透破坏，通常可按防弹性能要求如抵御武器的种类（手枪、步枪、机关枪或炮弹等）、弹体类型（铅弹、钢弹、穿甲弹、破甲弹或燃烧弹等）、弹体速度、射击角度与距离等进行结构设计，有效地选择增强处理方法、玻璃厚度、胶合层材料等；抗高静压夹层玻璃，能用来抵御静水压、静气压（正压即加压和负压即减压），有极好气密性、很高的强度和刚度，还可抗气体和液体的侵蚀，在潜水艇、水下作业、高压舱以及特殊高压实验条件下作为仪器窗口的窥镜，发挥着重要作用。可根据水深、压强及气压高低和所用材料的性能来设计和选择玻璃的结构，通常采用多层高强度玻璃的复合材料组装，以保证其强度和刚度。

安全玻璃中很重要的一类是防爆玻璃，主要用于防止炸弹的弹片及其他爆炸物对人体的伤害。其结构基本和防弹玻璃相似，但有效使用面积更大，性能要求更苛刻，可根据爆炸力的大小、所用材料的特性进行设计。防盗玻璃用于汽车边窗和后窗以及商店和重要建筑物的展览窗和门面，要求透明而强度高，用简单工具难以破坏，能有效防盗和其他破坏，通常用多层高强玻璃和高强有机透明材料与胶合层材料复合制成。胶合层中还可以夹入金属丝网，埋设压力传感器和报警装置。

各种特制安全玻璃即增强后的玻璃夹层制品，主要用于制特殊飞机、汽车、直升机的风挡。例如波音747宽体客机风挡玻璃，尺寸较大，约1米×1.1米。其切割形状要以增加驾驶员视野、减少空气阻力和噪音为准则，非常复杂，有7个夹层，64千克重，最外层玻璃和最内层胶片损坏后可更换。目前高级小轿车逐渐普及，市场销路广，对风挡玻璃的安全性提出了很高要求，可用化学和物理钢化的玻璃，再加上夹层有机树脂的强化，使之具有特殊优越性。其中化学钢化是新发明的加工形式，是将高铝玻璃热弯后，放入氯化钾热熔盐中进行表面离子交换，这时表面形成较强的压应力，内部形成较强的张应力，产品可减少断裂，用于高级小轿车上，防打击性能好，玻璃破碎亦不伤人。另有一种法国产的弯风挡，4层式，即在夹层玻璃的最内层表面另加一层塑料薄膜，可以防止破碎的玻璃击伤驾驶员。其他特殊安全玻璃如彩色及装饰夹层玻璃，有保密功能。

六、神药奇方

当你生病时，一定倍感健康的珍贵，而与衣食同等重要的医药，则是我们身体健康的保证和生命的卫士。神药奇方是历史上各民族文化和科学的瑰宝，也是当代高新技术的热点。2001年的诺贝尔化学奖授予药物合成新领域的手性化合物研究；第二次世界大战后期开发的青霉素与原子弹和雷达一起被誉为20世纪的三大发明；多次荣获诺贝尔奖的维生素研究，对早期药物如阿司匹林、顺铂的新认识等，构成了药物分子研究和设计的华章。

● 有趣的镜像分子

你读过《红楼梦》吧，第四十一回刘姥姥进大观园，酒醉后在穿衣镜里看到自己的像当作亲家来对话的情景多么有趣。其实，我们每天照镜时都会看到里面的像。另外，我们的左右手也是互为镜像的，所以镜像分子又称为手性分子。

所谓手性是指物质的分子和它的镜像不能重叠，正如我们的左、右手虽然相像但不能重叠一样。就分子结构而言，互为手性的分子也是一对对映异构体。

在药物的世界里，手性分子很多，有许多手性药物为人类带来很大福音。但异构体中的一种有的可能不但无效而且有害，甚至有严重毒副反应，这也是医药科学工作者必须高度关注的。例如，（＋）葡萄糖在动物代谢中有较高营养价值，但其对映异构体（－）葡萄糖则不能被动物代谢；左旋的氯霉素有良好抗菌作用，但其对映异构体则无疗效；右旋维生素C有抗坏血病功能，但左旋维生素C则无此效果。又如，用于治疗发热、结疖性红斑和神经痛等各种麻风反应的沙立度胺在20世纪50年代曾作为镇静药问世，并风行一时，但后来却带来了灾难性的后果。因为该药物的一种对映异构体可以减弱孕妇妊娠反应，而另一种对映异构体却易导致畸胎。

对于镜像对映异构体的有趣利用是使治疗原发性高血压的药物英达克酮疗效得到优化。它的左旋体有利尿作用，但同时提高了血中尿酸水平，成为心血管患者的危险因素；而其右旋体没有利尿作用，却能促进尿酸排泄。因此，将英达克酮的左旋体和右旋体按不同比例组合，进行人体实验，结果发现，当左旋体与右旋体以1:4比例混合时，利尿和促尿酸排泄都得到最佳效果。

在自然界里，许多与生物体相关的化合物是手性的。

例如，昆虫使用手性的化学"使者"即信息素作为性的引诱物，化学家们已发现果蝇性诱素的两个对映异构体中，一种能引诱雄性果蝇，而另一种则吸引同类雌性伙伴。又如，来自柠檬的两种天然对映异构体散发出的气味就不一样：一种具有柠檬的气味，另一种则带橙子的气味。

很明显，制得纯净的对映异构体是多么重要。如果能将手性药物拆分，只用有效的那部分制成新药，弃去无用和有毒部分，药效自然可以大大提高，毒性也能显著降低。2001年诺贝尔化学奖的3位得主，美国密苏里州圣路易斯市孟山都生物技术公司的诺尔斯博士、日本名古屋大学的野依良治教授及美国加利福尼亚州拉霍亚的斯克里普斯药物研究所的夏普莱斯教授的工作正是在解决这个问题上取得了原创性贡献和突破性成就。他们的研究成果无论是对学术研究还是对新的医药、材料的合成与发展均极为重要，并已成功地应用于许多药物如抗生素、心脏病药以及治疗帕金森综合征药物的工业合成。为了体验镜像分子的研究特色，我们最好追溯到它的发现源头。

● 破解酒石酸之谜

1848年法国化学家巴斯德取得了他科学生涯的第一次胜利，也开辟了化学分子结构研究的一个全新领域，这就是他发现了酒石酸的同质异晶现象。那一年，他在研究酿造葡萄酒的副产品酒石酸时，观察到酒石酸的晶体有特殊的半面小片，当他蒸发酒石酸的溶液并使之缓慢结晶时，可以得到两种晶体：一种小面在左，一种小面在右。巴斯德写道："我小心分开半面晶面向右的晶体和向左的晶体，然后分别检查它们的溶液，我又惊又喜地看到，它们的光学性质不同：一种右旋，另一种左旋。"这使研究这个问题多年的著名化学家，也是巴斯德的老师巴拉尔及米希尔里希非常震惊，因为这个化学上的新发现是从他们的鼻尖下溜走的。

对于当时的法国科学界来说，这个发现太重要了。从19世纪初起，法国物理学家们就发现一些天然有机物如松节油、樟脑、糖等有使偏振光的平面向一方或另一方旋转的性质，叫作旋光性。由于它们的溶液也有这种性质，说明它是分子所固有的，这个谜就只好留给化学家来解开了。酒石酸及其盐类是医药、化工方面常用的物质，它们有美丽的晶形，用偏光镜来检查，具有使偏光方向向右转旋的性质。但是，1820年有人在制造酒石酸时，得到一些没有旋光性的晶形和与普通酒石酸不同的产物。许多著名科学家如巴拉尔等，研究过这类酸，有的称之为"葡萄酸"，有的则称它为"消旋酒石酸"，但对这种同质异晶的现象都无法解释，更不知道怎样去制造它。此后150多年这个问题成了化学界的攻关难题。当1848年巴斯德着手研究时，他的老师巴拉尔担心他不能成功，但年轻的巴斯德知难而进，得到了丰硕的

法国科学家巴斯德

成果。

巴斯德的几位老师对科学研究是极其严格的，他们研究这个题目几十年，都没有解决，为什么巴斯德这么好运呢？他们要求巴斯德当面重做这个实验。一个过硬的成果是不会害怕检验的。那天，巴斯德把在大家严密监管下配成的溶液放在实验室的通风柜里，然后关上，让酒石酸溶液自然蒸发，也就是风干。过了一夜，大家都来看这位26岁的青年化学家的新发现。激动人心的时刻来到了，当老教授们看到巴斯德的器皿里整齐地分列着左右两半面的小晶体时，不禁十分赞叹。那么，以前为什么没有得到这个发现呢？进一步的实验表明，溶液蒸发如在27摄氏度以上进行，就只能得到混合的晶体，而恰好巴斯德的实验是在低于这个温度下进行的。这看起来似乎有些侥幸，其实这正是巴斯德的科学精神的美的体现。

酒石酸为什么会有两种晶体呢？1874年9月，荷兰化学家范霍夫重新研究了巴斯德的工作，提出碳原子具有正四面体的立体构型的概念，并将与4个不相同的原子或基团相结合的碳原子称为"不对称碳原子"，含义是不对称取代的碳原子。例如，乳酸便是含不对称碳原子的化合物。一个不对称碳原子可以得到两个也仅有两个四面体，即两个立体异构体的结构式，它们彼此互为对方的镜像。因此，不对称碳原子又称为手性碳原子。通常这些异构体所对应的化合物是可以合成的，范霍夫的理论是分子结构研究的一个光辉里程碑，他因此荣获1901年首届诺贝尔化学奖。

那怎么制得这些手性化合物呢？想当年巴斯德是小心翼翼地在显微镜或放大镜下，用镊子将不同的晶形物质分开来，这就是最初的手性拆分。这种方法太费时、费工。后来，巴斯德又利用发酵的方法，通过细菌的选择作用破坏消旋物中右旋酸的方法，制得了纯净的左旋酸。这项使用发酵法分离消旋酒石酸制取特定对映体的成功，是后来用微生物法制备手性药物的先导。

● 拯救千万生命的神药

在漫长的医药发展史中，许多药物不断更新换代，也就是说它们中的一些不断被淘汰。然而有一种药可谓一枝独秀，半个多世纪以来仍药效不减，风行天下，成为药房必备的基础药物，它就是杀灭病菌的青霉素。青霉素有一个突出特点，就是副作用小，且不易使病菌产生抗药作用，所以从它诞生之日起，就被视为"神药"。由于它在第二次世界大

战时期得到广泛使用，救活了成千上万士兵的生命，所以被誉为当时的三大发明之一。青霉素的发现者是英国的细菌学家弗莱明，1928年，他在细菌实验中偶然观察到了青霉素的抗菌作用。

弗莱明长期从事细菌研究工作，从20世纪20年代起，他着力研究葡萄球菌。这种细菌的形状像小球，常常聚集成串，就像一串串葡萄，所以被称为葡萄球菌。这是一类对人类危害极大的病原菌，人体伤口感染化脓、炎症高烧不退，往往就是它在作怪。作为一个对病魔深恶痛绝的医学家，弗莱明无时无刻不在想通过自己的研究，找出杀灭葡萄球菌的理想药物。

1928年9月的一天，在外地小休后回到阔别多日的实验室的弗莱明，开始清理长有葡萄球菌的培养皿，以便重新进行研究。突然，一个长了一团团青霉的培养皿引起弗莱明的注意。弗莱明拿了这个培养皿走到窗前，对着亮光，他发现在青霉菌落的周围有一晕圈儿，在晕圈儿内，原先生长旺盛的葡萄球菌不见了。弗莱明想，可能是霉菌分泌出一种物质通过培养基向外扩散，把它们所到之处的细菌杀死了。他抑制住内心的惊喜，警告自己要平静下来再仔细观察。著名的实验家伽伐尼说过一句很有分量的话：研究者看到的常常是他想看到的现象，而不是事实的真相。现在，事实真相是什么呢？弗莱明急忙把这个培养皿放到显微镜下观察，青霉菌落周围的葡萄球菌果然全部死掉了。

光是这个现象还是不够的，科学要求进一步证明。第二天，弗莱明特地将这种青霉菌进行培养，然后把经过过滤的霉菌培养液滴到葡萄球菌中。结果，奇迹出现了，几个小时后，葡萄球菌全部死亡。他又把霉菌培养滤液加10倍甚至100倍水稀释，杀菌效果仍然很好。接着他又进一步用动物做实验，把霉菌滤液注射进兔子血管里，结果兔子安然无恙。这就说明它无毒性，这真是叫人高兴。弗莱明把青霉分泌的有强大杀菌能力的物质称为青霉素。

但是青霉素究竟是什么，它的分子结构有何特点，怎样提纯和精制，这一连串问题远还没有着落。为了引起科学界的注意，吸引更多的人来研究青霉素，弗莱明将自己的发现写成论文，于1929年6月发表在国际著名的《实验病理学》杂志上。但当时声名雀起的抗菌药是磺胺类药物，而弗莱明的有关青霉素的论文整整被冷落了10年。

1940年，第二次世界大战爆发后的欧洲战云密布，战事要求科学家们寻求比磺胺类药物更好的"法宝"去战胜病菌。英国病理学家弗劳雷以自己的责任心和科学敏感孜孜不倦地寻找抗菌新药。当他看到11年前有关青霉素的论文时，不禁拍案叫绝。在牛津大学的一次集会上，弗劳雷把自己要研究青霉素的想法告诉了刚从纳粹统治下逃出的化学家钱恩。他们一拍即合，首先证实了弗莱明的观察结果，并继续工作，由弗劳雷组织培养青霉素，钱恩负责用化学方法从培养液中提取青霉素，以尽快让这种新药问世。

实验在十分艰苦的条件下进行着。他们每天要洗刷几百个大玻璃瓶，要配制几十吨培养液，把菌种接到培养液内，调节适当温度，等待青霉菌种充分繁殖。然后，把它装到大罐，用车运到远在30千米外的郊区化学实验室，由钱恩来提取。在科学上是没有平坦的大道可走的，只有那些在攀登上不畏艰难、不畏险阻的人，才可能达到光辉的顶点。经过1年多的努力，纯度很高的青霉素终于诞生了。产品的质量究竟如何呢？只有用实践来检验。弗劳雷先在动物身上试验。他选择品种和规格都相同的50只小白鼠，每只都注射足以致病的葡萄球菌。随机地抽取其中的25只，每3小时注射一次青霉素，另外25只不注射任何药物。24小时后，注射青霉素的小白鼠安然无恙，活蹦乱跳，而另外的25只则一个一个地

青霉素的发现堪称20世纪医学上的伟大奇迹

死去了。动物实验表明，青霉素确实是有效而且无毒的。

动物实验的成功是可贵的，但这只能说给新药的应用提供了希望。对人体的结果如何呢？还有待进一步的试验。要知道，人和老鼠毕竟不一样，将动物实验的结果推及于人时，必须加倍小心谨慎。对于医生来说，病人的生命是至高无上的，他们要竭尽全力来保护患者的生存权。弗劳雷在耐心地物色试验的对象。1941年冬天，青霉素首先在伦敦一位48岁警察身上试用，很成功。接着是一位15岁男孩，这个男孩手术后伤口感染化脓，高烧不退，一切药物都无济于事，眼看就要夭亡了。医师征得家属同意接受弗劳雷的青霉素，每3小时注射一次，结果药到病除。青霉素的走红还与一种机缘有关。1942年，当第二次世界大战正酣之际，英国首相丘吉尔得了肺炎，眼看情况不妙，用了青霉素，首相很快康复。从此，这味新药就名声大振。

青霉素的神奇功效，加上媒体的宣传，使它的订单像雪片般飞来，人们希望弗劳雷能提供更多的新药来拯救千百万人的生命。由于当时英国正受到希特勒的狂轰滥炸，弗劳雷决定到美国去办厂。精明的美国人以雄厚的资金给这项研究和生产以有力的支持。起初，1943年第一季度，每天仅能生产只够十几个病人的用药。为了保证生产出大量青霉素，急需解决菌种的优质和培养液的高营养以加速繁殖的问题。弗劳雷从世界各地寄来的上千菌种中，筛选到第832号优质青霉菌菌种，在几百种培养液配方中，终于遴选出加乳糖的玉

米浆最优，效率提高了10倍。到1945年，仅美国就可生产供几十万甚至上百万患者用的青霉素了。由于发现和提取青霉素的贡献，弗莱明、弗劳雷和钱恩共同分享了1945年诺贝尔生理学或医学奖。

科学的进步没有止境。起先，青霉素的提取极为困难，性质不稳定，产量又低，每升培养液里只含有0.1克的有效物质，这当然不能满足病人的需求。因此科学家们总想用人工合成的方法来代替生物培养方法。为此，必须先要搞清青霉素的分子结构。正是在1945年，英国化学家霍奇金夫人利用当时的新技术X射线衍射法分析了青霉素的分子结构后得出结论，知道青霉素包括好几种结构相近的物质如青霉素F、G、X、K、V等。它们的共同结构或称为结构母体含有27个原子，不同青霉素的差别只在于侧链基团的不同。1957年英国化学家希恩和亨莱洛干经过9年的努力合成了青霉素V，产率达10%~12%，终于使抗生素开发了人工合成的道路。人工合成品的药效极好，虽稀释了千万倍，仍可阻止葡萄球菌生长，毒性极小，远胜过磺酰胺剂。它可以医治因葡萄球菌和链球状菌引起的血毒症如肺炎、脑膜炎和淋病等，这使它成了一种适应面宽的广谱抗菌药。

● 服用"仙丹"的"柠檬人"

在人类历史上，曾出现过许多怪病，它们一直是人类死亡的重要原因。例如，早期航海者的凶神坏血病，夺去了成千上万水手的生命；1887年，俄国有150万人得了夜盲症，他们到黄昏或在暗处就视力模糊，其中很多人双目失明；脚气病曾一度成为日本海军的大灾难，每年约死亡61％；到今天，癌症依然是人类的大敌，据统计，美国的死亡病人中，癌症患者占1/3。

坏血病是使人十分痛苦的，患者的脸色开始时由苍白变暗黑，牙龈流血，呼气时有一股难闻的臭味，接着皮肤由黄变紫，全身关节疼痛，小便带脓，最后，呼吸困难，牙齿脱落，两脚麻木，大量出血而死。18世纪中叶，英国医生伦达发现柠檬能治好坏血病。1747年春天，他从患病的海员中，选择体质相近的分成6组进行治疗试验。第一组病人每天饮1千克果子酒；第二组患者服用当时的特效药如明矾；第三组空腹喝醋，因为醋能消毒；第四组用海水治疗；第五组每天吃两个橘子和一个柠檬；第六组服用当时的补剂。出人意料的是食用橘子和柠檬的第五组病人，像服用"仙丹"一样迅速见效。这位医生把他的实验结果写成论文，并向有关部门

提出建议，让海军士兵每天服定量的柠檬汁，效果很好。到19世纪初，坏血病便在英国海军中绝迹了。于是，英国的水兵和海员便有了"柠檬人"的雅号，并且一直叫到今天。

可是柠檬汁为什么能治好坏血病呢？毫无疑问是它含有一种特殊的物质。怎样提取出这种物质呢？1924年英国科学家齐佛首先取得成功，他认为这是一种维持生命的要素，因而属于维生素，而按照维生素发现的次序，这是第三种，故命名为维生素C。维生素C比浓缩的柠檬汁效力大300倍。

● 功勋卓著的维生素

维生素是在用精细食物喂饲动物失败中发现的。19世纪末，医学和营养学家们认识到，动物和人的生命的维持，即新陈代谢的正常进行，除了必须供应糖类、脂肪、蛋白质、盐类外，还必须加上极少量粗物质。医学家们常常将那些还不明确身份但确实起作用的物质称为"因子"，而一旦经化学家鉴定其组成和结构，就称为化合物了。现在的任务是要设法把这种食物必需的粗物质，即"因子"提取出来。1913年，波兰科学家丰克发现"酸性白土"有强大的吸附力。他将米糠放在1%的稀硫酸溶液中浸泡，这是当时化学家最常用的处理未知物的操作。然后加热、振荡，使未知物尽可能多溶解些。将溶液过滤，弃去残渣，剩下的母液稍加浓缩，再将它徐徐通过酸性白土。这样，"因子"便被巧妙地捕捉了。不过，"因子"少得可怜，1吨米糠中只能提取到5克，还不到5分硬币的质量，真可谓"物以稀为贵"。但将这种提纯出来的"因子"进行分析，发现它是胺，一类碱性的有机化合物。由于它是生命体不可缺少的，丰克就把它称为"生命胺"，英文是vitamine。vita在拉丁文里是生命的意思，amine是胺，合在一起就是这类化合物的名字，不再用"因子"了。

1913年从鱼肝油中发现了维生素A，1916年从米糠中分离出了维生素B_1。自此以后，随着化学提纯和分析技术的不断提高，许多维生素被分离鉴定，甚至被人工合成。它们中有的并非胺类化合物，显然，用"生命胺"来概括和命名这类物质有欠妥当。于是，德国化学家德来蒙特把生命胺的最后一个字母"e"去掉，这么一改就成了维他命vitamin，真是妙极了。现在将其统一翻译为维生素。迄今，已发现了100多种维生素，其含量虽微，有的仅占一般食物的万分之一，但作用却很大，一旦生命体失掉它，就会致病，甚至死亡。所以，它是名副其实的生命要素。

现在，我们再回过头来讨论维生素C。1933年，英国化学家霍沃斯采用葡萄糖为原料，人工合成了维生素C，从此，维生素C的价格大大降低，成为了便宜常见的药品，在与许多疾病的拼杀中屡立战功，成为功勋卓著的分子。而霍沃斯也因此获得1937年的诺贝尔化学奖。

维生素C俗称抗坏血酸，这是因为它在历史上抗坏血病的功能突出。它的结构弄清后，又命名为"已糖羰酸"。它性质很活泼，有酸性，又像糖。这就决定了它还有许多新的神奇功能。

1940年，整个世界都弥漫在第二次大战的战火硝烟里。医院的伤兵真多，而前线又急需战士，伤员伤口的愈合就成为政府关注的大事。伦敦大学的外科专家彼得松教授受命去巡视各医院，发现伤口愈合得慢是由于食物中维生素C供应量不足。维生素C为什么能促进伤口愈合呢？美国科学家瓦尔勃舒经过精心研究，巧妙地回答了这个问题。他认为维生素C在身体各部件间起润滑剂的作用。例如，人体内骨骼间的胶质、血管内皮的黏合质以及任何纤维组织的成胶质，都需要维生素C来保护。他用实验证明，一旦缺少维生素C，细胞组织就会变脆，失去弹性。人体毛细管是既细又嫩的部件，它更需要维生素C来防护，否则就会脆裂，造成皮下出血，更不利于伤口的细胞之间的接触和愈合。心脏是人体内的"泵"，它周围密布了无数的血管，形成四通八达的运输网络。如果血管缺乏维生素C，就会逐渐硬化、破裂，失去运血功能。坏血病患者到晚期一般都死于内脏出血，就是这个缘故。

1970年夏天，美国出现一股抢购维生素C的风潮。华盛顿、纽约等大城市的各家药店里维生素C缺货。稍后，约在1972年，我国北京、上海一些靠近科技人员居住的地区，维

人类真正认识维生素也不过百年的历史

生素C也极为抢手。原来美国著名化学家、两次诺贝尔奖获得者鲍林在多年研究维生素C的生理功能后，发表了一本小册子《维生素C与感冒》，其畅销一时。在该书中，鲍林指出维生素C有预防感冒、对抗感冒病毒的功能。维生素C真的对感冒的治疗有奇效吗？

据报道，20世纪70年代初，美国一家医疗队曾挑选10对11~16岁的双胞胎做实验。一组每人每天供给半克维生素C，另一组每人只给足够营养的剂量（即每天按每千克体重供应1毫克）。5个月后，前者患感冒次数大大少于对照组，有的几乎不患感冒。此外，每天服用半克维生素C的小孩长得快，有一对双胞胎，5个月后弟弟竟比哥哥高1.3厘米。

有实验证据还得有理论支持。维生素C为什么能成为感冒的对头呢？关键在于它的结构。它的分子结构上具有许多活性极强的基团，容易被氧化，当它进入细胞后，增强

了对蛋白质的代谢能力。目前科学实验已经证明，人体缺乏维生素C，新陈代谢能力就会降低。此外，感冒病毒是较简单的微生物，一般由核糖核酸（RNA）或脱氧核糖核酸（DNA）和蛋白质组成。它只能进入人体细胞，利用细胞中营养才能生存繁殖。维生素C遇上病毒，将其中的蛋白质代谢掉，于是病毒就被制服了。

维生素是一个大家族，有100多个成员。老大维生素A，主治干眼病、夜盲症；维生素B_1是治疗脚气病、神经炎的良药，维生素B_2对口腔发炎有奇效；维生素D是动物特别是人成骨能力的依托，是防治佝偻病的圣手；维生素E是传宗接代的法宝；维生素K是止血的功臣。在抗癌方面，维生素A和维生素C是强而有力的生力军。还有的维生素是对抗癞皮病的良药，也有的是对抗贫血的干将。过去的20世纪就有5位科学家因研究维生素而荣获诺贝尔化学奖。

● 延长药效的奇方

生病吃药是常事，可是怎么吃药却很有讲究。一般的病都是一天吃几次药，每次吃一片到几片，而且常常需要连续吃几天；有的病需要长期服药，例如高血压病人，天天得服降压药。但用药的关键，是让药物在人体内发挥疗效，就必须使药物在一定的时间内保持所需要的浓度：浓度不足，治不好病；浓度过大，就会中毒。而且"凡药三分毒"，因此，应当用尽可能少的药达到最好的疗效。自20世纪80年代以来，科学家们一直在找寻新的用药方法，将药物分子改装，实现延长药效、保持浓度、降低毒性、省事方便的目的，做到服一次药管很多天，也就是使之缓释长效化。

这方面的最新成果是阿司匹林的嫁接高分子活性物。1889年，德国化学家霍夫曼用煤焦油化学提取物制备了乙酰水杨酸，即著名的解热镇痛治风湿、感冒药；1899年由化工专家德雷泽实现工业化生产，因此成了历史最久、效果最优、产量最大、获利最丰的人工制备药物的典型代表。近年来，人们又发现了阿司匹林这一老牌药物的许多新用途：可治疗血栓，防止中风，抗癌，医治白内障特别是由糖尿病引发的失明症；还可用它来浇洒植物以防害虫并促进作物生长。但阿司匹林也有副作用，特别在过量使用时，使人体能量耗损大。因此，它的缓释长效化吸引了化学家和药学家的关注。

近20年来，人们想到把阿司匹林的药理活性基团嫁接到聚甲基丙烯酸上，因为这种高分子生物相容性好，也就是它对人体无毒而且易于从体内排出。但阿司匹林的活性基团并不能直接嫁接到聚甲基丙烯酸基体上，它还要经过乙二醇的中介作用才能实现嫁接。得到的产物在体内水解再释出阿司匹林的药理活性基团，完成其药理作用。有趣的是作为中介物的二醇类化合物，对嫁接产物的水解速率有控制功能，当

用乙二醇时，水解释放最慢，用丙二醇、丁二醇……活性基团的释放速度加快。通过这样的分子改装，吃一次嫁接的阿司匹林可以管上十天半个月，效果大大优化。

还有一种缓释微囊化技术也是近20年新提出的。胶囊药物是最常见的，它可将药物包封以避免患者厌恶的苦味或刺激性味道，也能使药物具有缓释作用。微胶囊则与一般胶囊不同：它的直径只有几微米至几百微米，比普通胶囊小得多，要在显微镜下才能看得见；它能包封有毒物质、易挥发物质，隔离活性成分，掩蔽异味物；可以根据囊材料的选择和改变制作方式达到充分满意的缓释效果。例如，用高分子薄膜把眼药封装起来，放入患者的下眼睑的内侧，眼药将通过薄膜不断地渗入眼睑内，渗出的速度可以用薄膜的厚度或性能来控制，这样，眼药就可以长期发挥作用。

有的缓释微胶囊药物能显示其有趣的特殊治疗作用。临床试验表明，癌症患者的肿瘤生长部位的周围存在一定数量的特殊氨基酸，是一种能够促进癌细胞生长的营养物质。现已研究成一种微胶囊，它装有能促使上述氨基酸分解的酶。如果将此微胶囊注入癌症患者体内的合适部位，当肿瘤周围的营养物质源源渗入胶囊内时，便不断被其中的酶分解，于是肿瘤细胞便失去了养分，从而癌细胞的生长和扩散便受到抑制。

微胶囊化技术制造人工细胞存在着革命性的巨大发展潜力。它是一种超薄球形聚合物膜，膜内可植入解毒吸附剂、多酶、辅酶、抗体等各种药物，形成与人体细胞相似的一种人工细胞。由于膜很薄（约0.05微米），可通过小分子毒物，而且不会被人体免疫系统识别，植入体内不会产生抗性反应。例如，用固定了活性炭的微胶囊就可清除肾脏病人体内的毒素，利用血液灌流方法将病人的血通过含有吸附剂活性炭的人工细胞，就能达到排毒的目的。这项技术在治疗肾衰、肝衰，清除人体内毒素等方面是一种令人刮目相看的奇方。

七、"硅器"材料的奇观

1996年，一场国际象棋大赛震惊了世界，这场比赛与通常比赛不同之处在于，它不是棋手与棋手之间的对弈，而是一次世界顶尖棋手与"硅器"之间的激烈的搏杀。这里的"硅器"是指计算机，它是由各种电子元件构成的，而其材料是硅及其功能类似物质。上面提到的这场比赛是国际象棋界的泰斗、连续多年的世界冠军俄国的卡斯帕罗夫同IBM（国际商业机器）公司的一台名为"深蓝"的电脑进行的一场人机对弈，整个比赛参照正式国际锦标赛比赛规则，结果卡斯帕罗夫以微弱的优势取得胜利。虽然取得了胜利，但感到十分疲惫的世界冠军预言，将来有朝一日，电脑终将会得胜。1年以后，1997年5月，卡斯帕罗夫又同"深蓝"电脑举行了第二次人机大战，他失败了。这个震惊世界的结果，显示了"硅器"材料分子的奇迹，揭开了人功智能材料科学的新篇章。

● 明察秋毫的电子鼻

　　在本书开始的时候就提到嗅觉灵敏的獴和警犬在车站、码头奔忙。动物分辨气味方式极其多样化，这给仿生学家极大的启发。由英国曼彻斯特理工学院在20世纪90年代中期开发的电子鼻，是用电子芯片即硅器为基础的大量聚合物来鉴别各种气味，并打印出数字显示的结果。它对每种气味都会产生独特的反应，并转换为电信号，而不必分析其化学组成。模仿狗的鼻子研制出的小型、快速、灵敏的电子仪器，特称为"电子警犬"。当某种气体的浓度占空气的一千万分

随着电子鼻的广泛应用警犬也将面临着"下岗"

之一时，它就会发出警报。如今，先进的"电子警犬"分辨气味的本领，比狗的鼻子要灵敏1000倍，足以代替警犬担当刑事侦查的角色。只要罪犯留下的气味不超过两天，"电子警犬"就能识别和跟踪，使罪犯插翅难逃。

将电子鼻装到反潜艇飞机上，它可以探测出潜水艇发动机所排出的废气中的化学分子，从而追踪潜航在水下的目标。将电子鼻安装在直升机上，当它飞越崇山峻岭时，可根据地面上的各种气味，侦察出隐蔽的敌人和军事设施。航天器舱内的电子鼻能精确地分析舱内的气体，并从宇航员呼出气体的化学成分来评估他们的健康状况，及时报告给地面指挥中心。

在环境监测方面，电子鼻的用处特别大。例如，可根据空气中的化学分子的类别，监测出空气是否被污染。当核弹爆炸或敌方使用毒气等化学武器时，电子鼻就能准确地测试出空气被何种物质污染，以及污染的程度，并及时发出警报。在车水马龙的大街上，电子鼻能测出汽车排放废气造成的污染程度。它能监测煤矿中瓦斯（如甲烷及其他易爆气体）的浓度；还能检测室内甲醛、烟雾的含量。此外，对香料、油漆、树脂等有异味的物质，也可以闻出；甚至只要嗅一嗅水果的气味，就能知道水果是否新鲜。

电子鼻可广泛用于质量管理、健康检查、缉毒、空气净化等方面。美国食品和药物管理局用专设的电子鼻在海港寻找它所需要的干贝蛤；啤酒厂可用它来检查发酵使用的酒花及原料中是否被鼠尿玷污；粮食仓库及食品厂可用它检验小麦及面粉的质量，并在加工过程中用于监控、掌握火候，避免烧焦。此外，医院可用它来检查早期伤口感染、病变引起的口腔异味。化妆品厂将它用来预测其产品香气的维持时间，以及评价各种化妆品的赋香水平。电子鼻还为某些特殊行业如酒的勾兑、啤酒质量控制以及软饮料的规范生产提供了一种标准评估工具，解决了过去长期依靠人工尝、嗅、闻的主观和不确定性问题。

电子鼻为何会有如此神通呢？关键在于制作电子鼻的材料。制作电子鼻最常用的材料是导电聚合物，它的发明者获得了2000年度的诺贝尔化学奖。这些导电聚合物的分子形成高度取向的链，电导率和其他物理性质随不同方向有显著变化。它们有很强的反应活性，当与氮氧化合物、二氧化硫等气体发生反应时，电导率会出现不同的变化。根据这一功能，科学家们已经制成了能鉴别近30种气体的电子鼻。

● 神奇的智能高分子材料

近10多年来，在材料科学中正形成一门新学科，叫智能材料学。所谓智能材料是指能够感知环境变化，通过自我判断并得出结论，实现自我指令和自我执行的新型材料。好家

伙！这种材料快要叫万物之灵的人的高级智能相形见绌了。在与化学有着密切关系的材料科学领域中，率先发展并已经初见成效的当推智能高分子材料。这是因为与人工智能关系最密切的是材料的功能，而功能取决于分子的结构。在化学功能材料中，高分子材料的研究最深入。在高分子的智能化中，除前面提到的与电子鼻有直接关系的导电聚合物外，高分子凝胶、高分子薄膜和高分子复合材料等的智能化均很有意义。

高分子凝胶是指三维网络结构的高分子化合物在溶剂中的分散体系，由于它呈立体结构，因此不被溶剂溶解，并且还能在溶剂中保持一定的形状。这种高分子结构中有趣的是，虽然它不能溶于溶剂，但其分子中亲溶剂的基团部分却可以与溶剂作用而使高分子化合物溶胀，从而形成凝胶。这种凝胶为什么会有智能呢？当外部环境的酸碱度，溶剂体系中的离子强度、温度、电场以及所接触到的其他化学物质发生变化时，凝胶就表现"刺激-应答"状态。例如在凝胶中出现网络的网孔增大、网络失去弹性、网络的体积急剧变化（可增大好几百倍）等。

利用高分子凝胶体积变化的性质，可设计出人造肌肉制成的机械手，它可接受外部环境物理性质及化学性质的变化提供的指令。当这种凝胶的溶胀行为受糖类的刺激发生突变时，对糖尿病患者就可提供智能化服务了。葡萄糖的浓度对于糖尿病患者当然很重要，如果以这种含葡萄糖的高分子凝胶作为负载胰岛素的载体，将其表面用半透膜包覆，这就构成了一个智能化体系。在此体系中葡萄糖浓度发生变化时，高分了凝胶将做山响应，执行释放胰岛素的指令，从而有效地维持糖尿病患者的血糖浓度处于正常水平。

科学家们已经知道生物分子具有特殊的识别能力，例如人和动物的视觉、听觉、触觉都是与特定分子的识别功能相联系的，如人眼可识别物体，就与视网膜上的视黄醛的化学变化有关。这种能力使它具有发布智能指令的特性。如果将生物分子或复杂的生物系统与高分子薄膜结合起来，就可以利用生物分子的识别能力使薄膜产生选择性渗透、选择性吸收，进而达到将物质或信息分离的目的。

例如，可将高分子薄膜制备光电响应膜。仿生学研究植物的光合作用及动物的光敏作用表明，不论是叶绿素的光合作用及眼的视紫红质的光敏作用，都是发生在膜上的。这些生物体内的膜都是高分子组成的细胞膜，其中的磷脂与胆固醇形成高度有序的排列物。将光敏染料如视紫红质与细胞膜基质材料结合，就能制作成人工视网膜，在光的作用下，就能发出截获外界信息，捕捉环境中目标的指令。仿此，可制作具有嗅觉和味觉功能的高分子薄膜，使高分子智能材料更多地用于医用功能材料。

高分子复合材料智能化后，称为机敏材料。它们具有先进甚至复杂的功能，一般均能传输传感器所感受到的信息，例如告知目标的位移、应变、温度、压力、加速度等。有的

则可自动检测材料的动力和静力，在允许范围内比较测定结果，控制不希望出现的动态特性，例如检测出机器轴承和飞机接合部可能出现的裂纹，防止断裂等。美国两家航空公司研制出的"智能飞机蒙皮"，是把微传感器、微型天线、发射器和接收器等植入用导电的复合材料制造的飞机蒙皮中，使电子设备和飞机机体一体化，地面指挥中心可随时"看到"和控制飞机的运行状况，这对安全起降和自动避免事故有重要意义。

● 有灵性的电子陶瓷

电子陶瓷是指在电子信息技术中用作元件或器件陶瓷材料的统称，它们可用于探测、监控、报警、通信及特殊零部件的制备，在民用和军用各方面都有重要应用。

1880年著名的物理学家居里在研究热电现象和晶体对称性时，从石英晶体上最先观察到压电效应，开电子陶瓷应用之先河。所谓压电效应是指，当沿晶体一个轴的方向加力时，可以观察到垂直于该轴的两个表面上出现大小相等、符号相反的电荷。这就说明，只要在这种材料的合适方向施力，就能得到电信号。这种现象在第一次世界大战中就被用来制作水中超声探测器，可以探测潜艇、水中障碍物及鱼群等。

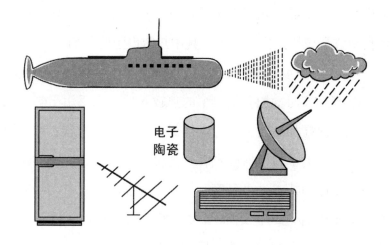

应用广泛的电子陶瓷

第二次世界大战中，人们又开发了新的陶瓷，开始了压电陶瓷系统研究与应用的时代，美、日、前苏联相继制成了超声换能器、压力传感器、计测器等，用于发生超声波、测量水体和各种条件特别是高压下的压力。1955年美国研制成功性能更优越的压电陶瓷，可以在很大范围内调整性能以满足不同应用的要求，成为主流材料。它们在电子通信、高压发生、引燃引爆、计量传感等各高新技术领域获得直接应用。例如，制备的多层压电陶瓷变压器性能比过去常用的变压器质量高，安全性好；制作高温换能元件和热释电探测器，可在高温下工作。

半导体陶瓷是指用陶瓷生产工艺制成的具有半导体特性的材料，特点是它的电阻率对温度、电压、气体和湿度等敏感，可用来制作热敏、压敏、气敏和湿敏元件，这些也统称

敏感元件。半导体陶瓷敏感元件具有灵敏度高、结构简单、价格便宜和使用方便等优点，其中热敏电阻的影响更大。

1951年荷兰科学家海汪首先发现一类半导体陶瓷的电阻率随温度升高而增加，是典型的热敏元件，广泛用于彩电消磁元件、恒温加热器、马达过热保护、温度报警器、自动恒温电烙铁、电子卷发器以及各种与温度有关元器件的制作。这些元器件的特点是当温度升到一定程度时，就自动断电，所以安全性好。20世纪70年代以来，由于彩电、冰箱、空调、微波炉等家电的迅速发展与普及，热敏电阻急剧发展，主要用于各种制件的温度控制。此外，热敏器件也在电子灶、电饭锅、恒温器以及汽车水箱的制作方面，找到了广泛用武之地。

压敏陶瓷指对电压尤其是高电压敏感的材料，由于高压电器的发展和雷电过压保护即防雷击问题在航空、建筑工业上的日益突出，早在20世纪末就研发了高压避雷器阀片。1968年日本松下电器公司研制成新一代压敏电阻，具有漏电小、对热稳定、响应快等优点，除用于传统的避雷外，还广泛用于高压马达保护、彩电接收机、卫星地面站、彩电监视器及计算机终端显示装置中的稳压器等。

湿敏陶瓷指对水蒸气、湿度敏感的陶瓷材料，它的电性能参数即电导率或电阻率随湿度而改变。20世纪30年代首先发现有些物质的电导率随水蒸气的吸附而变化，于是可制成湿度传感器，将湿度变化转换成电信号，实现湿度自动指示、记录、控制与调节。陶瓷湿敏元件还具有耐热性好、测湿范围宽、工作温度高（达150摄氏度）、寿命长、响应快（一般不超过30秒）等优点。1966年，日本工业界开发了新一代湿敏陶瓷，稳定性好，主要应用领域有：家用空调机、干燥机、电子锅，汽车用的风挡去雾，医疗用的理疗装置，一般工业用的食品干燥、粮食水分测定、纤维厂和卷烟厂的湿度调节，农业用的土壤水分测定等。

在湿敏陶瓷深入研究的基础上，20世纪60年代发现了气敏效应，后来制成了对甲烷、丙烷、乙醇、丙酮、一氧化碳、二氧化硫等多种气体敏感的元件。这些元件主要用于气体探漏如煤气或天然气探漏、环境监测、防灾报警等方面，大大提高了抵御这些气体造成危害的能力。例如，过去检查煤气管道是否漏气，靠人挖开马路一段一段去查，是很困难的；就是靠训练有素的警犬去追踪，在人如潮涌的大街上执行也很不方便。但是如用气敏电阻陶瓷制成的煤气泄漏探头去检测，也就不必挖开马路和动用警犬了，从而省时、省力、省钱。

电光陶瓷是另一类很有灵性的电子陶瓷，也是一种透明陶瓷，可通过调节外加电场来改变材料的分子结构，从而达到控制光透过率的目的，也就是利用这种性能来实现光电效应。什么是光电效应呢？所谓光电效应就是光线（如紫外线）照射到某种物质上，在这物质的表面会产生电子流。人们利用光电效应制成各种光控器件，电光陶瓷就是制造这些

器件的优质材料，已经用它来开发光开关、光显示、光存储等部件。例如，许多现代的楼门，当人走到近处就能自动打开，这就是电光陶瓷的杰作。人作为一种光源，进入该陶瓷材料的光控区域时，引起光学变动，也就是作用于电光陶瓷

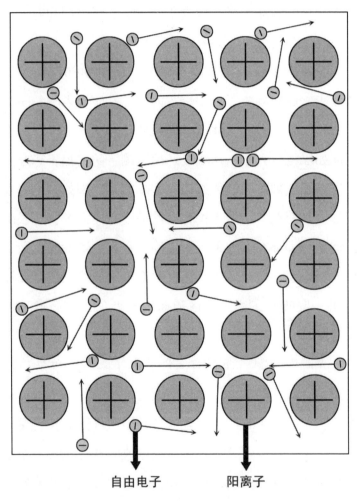

自由电子　　　　阳离子

陶瓷中掺入金属后就可导电

上的光线的波长和强度发生变化，从而引发电流的变化，控制机械运作使门开启或关闭。

那为什么电子陶瓷会具有如此的灵性呢？关键在于它的组成、加工工艺及其所决定的微观结构。陶瓷为黏土和瓷石制器，由胎体烧结并进行表面加工而成，主要成分为硅酸盐。数千年来，陶瓷一直是人类不可缺少的生活必需品。随着科学技术特别是高科技的发展，人们对陶瓷的分子结构的认识越来越深入，应用面也愈益宽广。首先可将它分为传统陶瓷和新型陶瓷两类，电子陶瓷就是后者的一种。新型陶瓷以精制的高纯、超细的无机化合物为原料，采用精密控制的制备工艺烧结，除具有耐高温、耐磨损、耐腐蚀的传统功能外，可以通过掺杂、改善化学组成获得新的性能。通常的电子陶瓷就是用钛锆铅类材料掺加适量硼、铋及其他金属在较低温度下烧结而成的。它们在微观上具有多孔结构的空穴，利于离子及电子的运动；而在宏观上看，则晶粒生长均匀、无气泡、高致密，所以性能稳定。

● 硅谷与"硅器"奇事

在美国西海岸加利福尼亚州的旧金山附近有一条长约50千米、宽约16千米的谷地，这里是20世纪60年代发展起来的世界微电子技术中心。1971年，《微电子新闻》的编辑霍

夫勒给这个地方起了个有趣的名字——硅谷。为什么叫"硅谷"呢？其中的"硅"是由于半导体芯片用的材料主要是硅；"谷"呢，除了地形以外，是由于有一系列著名的计算机公司。硅谷以世界著名的美国斯坦福大学为起点，起点处有斯坦福研究园区，硅谷最初的半导体公司大都建在此地。著名的仙童公司在一个名为"瞭望山"的地方，心脏地区还有苹果公司及英特尔公司等。"硅谷"最早的播种人之一，是发明晶体管的杰出科学家，1956年诺贝尔物理奖得主肖克莱。

1936年肖克莱在麻省理工学院攻读博士学位。一天，一位中年人彬彬有礼地拜访了他，热忱邀请他毕业后到著名的贝尔实验室工作。这位来访的中年人，当时正担任贝尔实验室研究部主任，他在一个杂志上读到肖克莱的文章，认为小伙子很有前途。肖克莱到贝尔后不久，立即着手找寻电子管代用器件的研究工作，两三年后，因第二次世界大战他应召参加军事科学研究而被迫中断了原计划。1945年肖克莱从海军重返贝尔实验室，经过反复实验，在1947年圣诞节的前两天终于做出了世界上第一只晶体管。晶体管的发明和迅速广泛应用，逐渐取代了电子管，使电子技术发生了一次革命。1955年美国研制成功装在弹道导弹上的晶体管计算机，随后又生产出用于军用飞机上的机载计算机。1958年11月第一批批量生产的大型晶体管通用计算机正式投入使用，标志着电子计算机开始进入第二代。

第一代电子计算机全名为"电子数值积分和计算机",英文缩写为ENIAC,因此又名埃尼阿克。它诞生于1946年2月5日,该计算机重30吨,占地170米^2,耗电150千瓦,是由美国宾夕法尼亚大学电机系36岁的物理学家莫希莱和24岁的工程师埃克特研制的,共用了18 000个电子管,当年耗资50万美元,运算速度每秒钟600次。由于主要元件是电子管,耗电量大、易破碎、体积大、寿命短,往往使计算机由于故障频繁而无法使用,电子计算机的成功被电子管自身的弊病抵消了。

第二代计算机的显著特点是省电、耐用、体积小、重量轻、性能稳定,运算速度从每秒几千次提高到每秒几十万次,这是由于使用了晶体管,消除了使用电子管的弊病。但是各元件之间仍要用导线连接,占用了空间,妨碍了计算速度的进一步提高,于是"硅器"的新奇迹,集成电路的开发就应运而生了。1958年7月,美国德克萨斯仪器公司的工程师基比尔提出将许多晶体管合成一个硅晶片的设想,这是一种新颖的小型化电路,经过2个月的艰苦努力,他终于搞成了将5个元件"集成"在一块硅晶片上的微型电路,并在1959年2月申请了专利。

1955年肖克莱离开贝尔实验室来到气候温和、环境幽雅的故乡即后来的硅谷创业,开办了"肖克莱半导体实验室",工作人员都是一些博士。其中以诺伊斯为首的8名年轻人在肖克莱的"生产线"上工作了18个月后,提出了一

种新的科学构想，就是研发集成电路。在1958~1959年，他们制成了世界上第一块半导体硅集成电路，而且创造了一种全新的工艺，就是这种固体块由一些绝缘的、导电的、整流的以及放大的材料层构成，叫作平面工艺，实现了无连线的电子设备。利用这种工艺，可以生产直径不到1毫米的晶体管，早期的集成电路，在一块硅晶片上可组合几十个电子元件；到20世纪70年代出现了集成成千上万个电子元件的大规模板块，例如1969年英特尔公司的年轻博士们在面积仅3厘米²的的硅片上，就摆下了2250个晶体管。把一块超大规模集成电路板放在高倍显微镜下观察，可以看到，它简直就是一座缩微了的城市！密集的元件像街区一样整齐分布，分层蚀刻的硅铝线像公路一样四通八达，"城市"布局合理，功能齐全。

诺伊斯在1959年7月申请了专利，比德克萨斯的基比尔

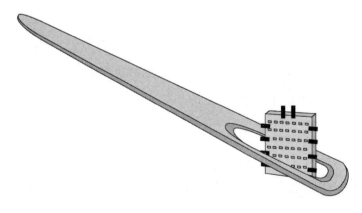

计算机芯片和针孔的大小比较

晚了半年。这样，将这项技术的知识产权一分为二：集成电路的框架设计专利归属于基比尔，集成电路的内部连接即分层蚀刻连接技术专利属于诺伊斯。二人都被誉为微电子学的奠基人，并于1990年2月获得美国国家工程科学院的大奖。由于集成电路的性能好、体积小、能耗低、可靠性很高，因而这项技术获得飞速发展，成为第三代计算机即集成电路计算机和第四代计算机即大规模集成电路计算机的基础。不幸的是，1990年4月3日，诺伊斯因心脏病突发而逝世，人们哀惋地为他送行："硅谷的先驱者，永别了！"

想当初最早的第一台电子管计算机用地170米^2，相当于10间厅堂，而我们现在用的笔记本电脑不过0.05米^2，约为前者的1／3000；计算速度由起初的每秒上百（10^2）次，递增到20世纪80年代的每秒上亿（10^8）次，提高了百万倍。这一奇迹是由集成电路"硅器"创造的。

那为什么"硅器"能这样呢？从电子管到晶体管，它们一直都是作为单个元件通过导线连接组装成具有一定功能的电路的。这有点像盖房子，一块砖相当于一个元件，水泥相当于导线，房子就是由多块砖用水泥砌成的，一个部件也是由许多电学元件通过导线连接而成的。晶体管这种"砖"比电子管那种"砖"小巧和坚固得多，但要把晶体管这种"砖"造得再小巧的潜力似乎有限，然而怎么将它们组装却还大有学问。集成电路则提供一条全新的技术途径。它是要在一块半导体（硅）材料上制作出具有所需功能的整个电

路，也就是一个板块，相当于盖房子不再是一块砖一块砖地砌，而是直接在工厂里把房间预制成整体的构件，运到建筑工地就可以组装成大楼。

集成电路这种新思路还有另一层意思，就是平面工艺技术，这就好比城市建设中把电话线、煤气管、上下水道、地铁分层埋在地下，腾出路面来，消除了连结元件间的导线占有的空间和增添的杂乱，真是美妙极了。

为什么这些器件要以硅片作为舞台呢？这就涉及半导体的原始创意了。半导体是一种特殊的固体，它的导电能力介于金属和绝缘体之间，其电阻率在 $10^{-5}\sim10^{7}$ 欧米。典型的半导体是位于元素周期表中部的主族元素的单质如硅、锗，其中硅的原料来源广，制备较容易。工业生产和科学

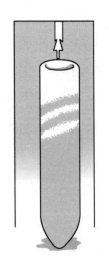
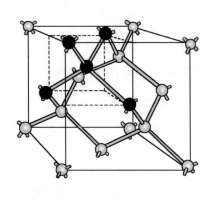

单晶硅和硅晶体分子排列结构

研究中所用的半导体材料，大部分是结构完整，纯度尽可能高的单晶硅。因此，硅谷、硅器及它们的奇迹都离不开硅。

● "硅器"和太阳能电池

20世纪70年代起，为了克服世界性的能源危机，科学家们将目光转向了太阳能的利用。经过长时间的探索，人们发现在利用太阳能的多种方式中，利用光电池直接将光能转换为电能是最有前途的技术。

近年来，美国已研制成新一代光电池，可利用太阳光能量的20％，效率比过去的光电池提高了大约1倍；日本科学家甚至在实验室中还开发出光电转换效率达30％的光电池。如果考虑到在地球上出现生物以来，由绿色植物产生的有机

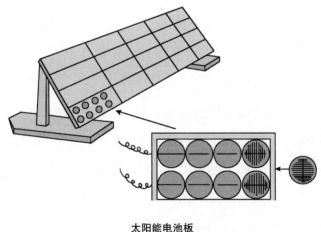

太阳能电池板

物质大约占到这个星球总质量的1%；通过光合作用每年从太阳能中取得的能量相当于人类所消耗能量的10倍；而绿色植物对光能的利用率约为投射的太阳能的1%~3%，人们自然有理由相信，太阳能电池的开发前景是多么诱人，它将大大促进太阳能的利用。

自从伏打电池发明以来，就有人想到研制太阳能电池了。1839年，著名的法国物理学家贝克勒尔发现了光生伏打现象，这是人们最早认识到的光电转换。1876年，子承父业的法国科学院院士小贝克勒尔开始研究他父亲的发现，想制造光生伏打电池，由于条件尚不具备，未能如愿。后来经过科学家们的不懈努力，到20世纪50年代，美国著名贝尔实验室利用半导体终于制成了光电池；1954年，他们试制成单晶硅太阳能电池，光电转换率达6%，比光合作用的能量转换率高，尽管那时高纯度硅材料非常昂贵，但这是人类首次从技术上实现光电转换。1958年3月17日，美国发射成功"先锋I号"人造卫星，其中的电源就是硅太阳能电池。此后的40多年，许多航天器都以太阳能电池作为主要电源。

太阳能电池就是太阳电池，与化学电池相比，太阳电池是一种物理电池。它不消耗电解质，只要有光，通过光电转换就可以得到电能。由于太空的太阳辐射十分强烈，且没有昼夜之分，又不愁刮风下雨，这就为太阳电池的工作提供了良好条件。我国于1970年发射的"东方红一号"卫星就使用了国产单晶硅太阳电池。

制备太阳电池的关键是光电材料，也就是“硅器”。据估计，目前全世界有30家企业生产太阳电池，建成的这类太阳能电站已有20多座，工业化生产的太阳电池均以硅材料为主，这些材料包括单晶硅、多晶硅和非晶硅3类。所谓单晶硅和多晶硅都是晶体，它们的区别主要在于，单晶硅的整体是一大块晶体，而多晶硅的整体则由若干小晶体构成。

单晶硅太阳电池的生产技术比较成熟，性能稳定，光电转换率较高。一般单晶硅太阳电池光电转换率可达15％，用于航天器上的太阳电池光电转换率则要高得多，最高的达25％。

多晶硅太阳电池的光电转换率略低，为12％。非晶硅太阳电池呈薄膜式，产生于20世纪70年代。这种电池的硅材料消耗少，电能消耗也低，可以连续广泛生产，其光电转换率最高可达10％，是一种在电子表、计算器上常用的新型电池。

太阳电池是“硅器”材料创造的奇迹之一。初期，由于成本高，太阳电池主要用在航天器上。如今，随着生产工艺的不断改进，成本不断降低，太阳电池在地面设施中也开始应用。

首先是为海上航标灯、公路和铁路上的信号灯提供电源。过去海上航标灯的电源是由蓄电池提供的，管理起来很

麻烦。在航标灯座上安装太阳电池，白天可直接为蓄电池充电，夜间由蓄电池给航标灯供电，管理可实现自动化。在交通道口，通常由人工值班手动信号灯的开启，而用太阳电池供电就很方便。例如，北京长安街的安全信号灯就是用太阳电池供应的，日本的交通道口更是如此，对于一个地震多发地区更为有用。在一些偏远地区的小车站，不仅信号灯，而且站上照明和自动道岔也可以用太阳电池供电。这些避免了架设输电线或者使用柴油机发电，节省了大量经费和维护人力。

太阳能汽车的研发，一直是人们的梦想。由于不需要燃油、不排放废气，很"绿色"、很"环保"、也很时尚。它的特点是用太阳电池供电和给蓄电池充电，作为动力取代燃油、燃气或供电的新型电动汽车。目前，一些发达国家正在加紧进行这类研制，为了相互交流、观摩和推动其发展，国际上每年都要举行太阳能汽车比赛。例如，1996年在澳大利亚举行的比赛，全程3010千米，有10多个国家参加，赛后统计表明，太阳能汽车的平均时速达90千米，夺冠的日本本田"梦幻"赛车，能达到每小时140千米的速度。

我国在这方面也紧追潮流。1996年，我国制成太阳能电动轿车"中国1号"，车长4.65米、宽1.55米、高1.7米，车上装4米^{2}太阳电池板，可连续行驶150~160千米，最高时速达80千米。1997年清华大学汽车系20余名大学生利用业余时间，集体设计制作了太阳能赛车"追日"号，采用了多项高新技术，太阳电池板包含近万片单晶硅卫星电池，光电效率达14%，巡航速度达每小时60千米，参加了在日本举行的国际太阳能汽车拉力赛，获得第十三名的好成绩。由此我们看到了中国太阳电池及太阳能汽车事业的希望。

八、隐藏战线的战略材料

2002年的下半年，伊拉克正遭受空前的战争威胁，美、英两国不断在策划对伊的军事打击，这实际上是1991年那场海湾战争的继续。看过海湾战争纪录片的人，都会体验到现代战争打的是高科技、打的是新材料、打的是分子的神奇功能。

● 神秘的夜视器

1991年1月17日凌晨2时40分，伊拉克首都巴格达一片漆黑，人们处在大战前夜的恐怖寂静中。突然，从茫茫的夜空中传来飞机的轰鸣声，几枚炸弹从夜空中落下，准确地击中了总统府、电信大楼、国防部大楼等要害部门，海湾战争在浓黑的夜幕下爆发了。在42天的战争中，美国牵头的多国部队出动近10万架次的飞机和25万地面部队进攻伊拉克，令人惊讶的是，他们大多数都是在夜间行动的。这样似乎改变了

头戴夜视器的特种兵

过去沿袭已久的战场战术观念。以前的游击战争中，强大的侵略方晚上都龟缩在碉堡里以躲避被侵略者的袭击，而夜老虎的正义战士常借助夜色的掩护大显神威。而现在却反过来了，在美军炸中总统府时，居然没有毁坏附近的大饭店；多国部队的物资运输车队在伸手不见五指的夜幕中不打灯光却行走自如，这是怎么回事呢？

海湾战争之前的几年，阿根廷人认为离它很近的圣马洛斯岛是自己的，只是被英国侵占了，于是阿根廷出兵很快收回。但是，英国不干，派了航空母舰去该岛海面。一天一艘英国潜艇从航母放出，悄悄从海底驶近了圣马洛斯岛。突然，鱼雷发射管的前盖打开，钻出几个潜水蛙人，在天黑时潜入马岛。他们每个人头上戴着一种特殊盔具，尽管是漆黑的夜，仍能看见阿根廷军营及装备。凭着这些蛙人的准确情报，英国一举登陆成功，这又是为什么呢？

这是夜视器的作用。海湾战争中的美军和马岛战争中的英军，都使用了专用于夜间观察的新设备，即夜视器，也称为夜视仪。

夜视器为什么能看清夜间的目标呢？它是怎么发明的呢？最初的夜视仪是德国一个研究坦克夜间作战的科学家小组发明的，并在1944年正式使用于战场。当时V-2飞弹是杀伤力最强的武器，要运到前线必须在夜间行动，因为白天的军事活动都会被对方侦察到。这样就需研制一种让运载V-2导弹的坦克能在夜间看清目标的仪器，从而避开攻击，高速行驶。兵器专家们想到了红外线，它是肉眼看不见的，但却是几乎每种物体都不同程度地发射着。同时，红外线也是一种光，它可被各种物体反射，因此，制成红外探照灯，也可以像普通灯一样看到被照射的目标。问题在于要找到对红外线敏感的材料，接受红外线，像我们人眼能接收光线一样。红外线的特点是什么呢？它是一种热辐射，也就是说它能放出热。如果你能找到一种物质，它能感受到温度的差别，对热敏感就能接收到红外线，这就是热敏电阻。当温度稍一变化，电阻率就发生变化，因而引起电流变化，再把这种变化经过放大、扫描，目标的图像就出来了。

从19世纪以来，许多科学家如法拉第、欧姆、居里等就对电阻的热效应，也就是物质的电阻与温度的关系进行过研究。20世纪40年代特别是第二次世界大战的后期，人们发现钛、钡氧化物的复合物的电阻对热敏感，以它们为基质，掺杂其他金属如铁、钴、镍等和它们的氧化物制成高灵敏的热敏电阻，作为夜视仪研发的基础。最初的红外夜视仪，视程达2千米；经改进的微光夜视仪，将夜间的月光、星光或其他微弱亮光（统称为微光）加以放大，使图像更大更清晰，在月光下即可看到3千米。

20世纪80年代以来，仿生学家从响尾蛇身上发现了一个奥妙，启发了新一代夜视仪的产生。原来这种蛇的眼睛早已退化成瞎子了，但它们的动作却非常敏捷，抓捕老鼠和小动物毫不含糊。响尾蛇靠什么来发现猎物呢？通过细致的解剖和观察，科学家发现，响尾蛇的眼与鼻之间有个小"颊窝"，对热极敏感，周围温度变化0.003摄氏度就能感觉到，而且方向性极好。小动物只要存在，必然会散发热量，与周围背景物形成温差，使响尾蛇光顾。据此，兵器学家发明了"响尾蛇"空对空导弹，还开发了有机物红外敏感材料，研制了新型夜视仪。这些红敏材料是一些有机半导体。

夜视器的使用为什么锁定在红外线呢？这里也有科学道理。你一定注意到大红灯笼高高挂吧，在十字路口，汽车、行人遇到红灯就要停下来，戏院的安全门上、高塔上都用红灯作信号，这是因为在组成白光的红、橙、黄、绿、蓝、靛、紫七色光在传播时，红光的波长最长，穿透力最强，能穿过细小的微粒像雨滴、灰尘、雾珠等，且不容易被反射。而红外线的波长比红光更长，保持了红光的优点，又加上不容易损失、目标的普遍性（即各种物体都能发出红外线）和人的肉眼不可见，自然使红外线为夜视器所情有独钟了。

● 疯狂的幽灵

你一定知道古代英雄中关云长的青龙偃月刀、岳飞的十八般武艺特别是他的红缨枪吧，兵器学家们把这些称为冷兵器，而把大炮、炸弹等称为热兵器，把导弹、火箭等程控武器称为信息兵器，它们的威力标志着武器发展的不同阶段。和热兵器及信息兵器相比，过去人们认为冷兵器似乎是小打小闹的游戏，然而在20世纪的多次战争中，我们看到的新型冷兵器更为疯狂，而且要求每个人更具防范意识。所谓新型冷兵器主要指毒物，是使人、畜急性中毒，在短期内（如数分钟或数小时内）产生不适反应，甚至危害生命的一系列物质。它们是生活中的幽灵。

在军事史上，现代战争中大规模放毒首先发生在1915年4月22日的第一次世界大战的欧洲伊普尔战场。当时，英法联军和德国军队杀得难解难分，突然从德军阵地上顺风势有一股黄绿色烟雾直冲过来。联军有5000名官兵中毒窒息而死，此次战役，德军施放了160吨氯气。这次战绩虽然不错，但德国的战争狂人仍感不足：一是这种方法受天气特别是风势影响很大，使用时得小心，万一风向变了，自己就倒霉；二是受距离限制，距离若太远，氯气飘散，毒效不显，

毒气战在当前反恐形势下显得更加重要

距离太近，特别是犬牙交错的情况下，不敢轻易使用，弄不好伤了自己；三是无法准确对具体目标使用，目标若太分散，药效低。

不久，设在泽森的德国武器装备研究所又推出了新的毒弹，这就是芥子气弹。其外形与普通炸弹相似，但弹壳很薄，里面装的是芥子毒液。这种毒液是一种含氯和硫的醚类，为油状液体，有芥末气味，不溶于水，可以穿透皮肤。接触后皮肤迅速糜烂、眼睛失明、呼吸道黏膜坏死。这种毒弹也装有触发引信，但里面装的炸药很少，只有普通炸弹的十几分之一，所以爆炸起来近乎无声，弹坑很小，没有弹片，只有使弹体爆裂并使液体飞溅的较轻质的粉状物，目的是使毒物弥漫空间，增大杀伤面。它的毒性远比氯气强烈，

从1917年启用到第一次世界大战结束，仅一年多的时间里，就有12万英军被毒死。

第一次世界大战后，远距离作战兵器的发展，为化学毒气弹的发明和应用提供了新的动力，出现了一些不以直接杀伤为目的的毒剂如催泪剂、病毒等。如20世纪50年代美军在朝鲜战场使用细菌食品包，在香喷喷的面包、饼干中掺入致

人工降雨有时可被用于战争

毒的细菌，让饥饿的儿童吃，导致皮肤溃烂、长满毒蛆和苍蝇，成为危险的疾病传染源。第二次世界大战中，日本代号为831的部队就是细菌研究机构，用中国人作为实验品，观察其毒效，直到今天还受到受害者的指控和正义的谴责。

第二次世界大战后，又发明了环境毒弹，既破坏了当时的环境，又造成长期生态危害，其典型例子是"胡志明小道降雨弹"。在20世纪60年代的战史上，"胡志明小道"是赫赫有名的。它当时是越南军队的供给线，通过这条路线运送给养，对当时敌对的美军十分不利。很自然地，掐断"胡志明小道"成了美方司令部的一项重要目标。他们出动了大批B-52重型轰炸机，丢下数不清的炸弹，然而收效甚微。因为这一带全是茂盛葱郁的热带雨林，美国飞机根本无法找准目标。

正当美国陆军武器研究所为此一筹莫展的时候，1970年初冬的一天，一位专家看到了巴黎奥列机场连日浓雾，飞机无法起降，后来因接受一位气象学家的建议，采用喷热气驱雾的办法才解决了问题。于是，专家们逆向思维，既然可以人工消雾，为什么不可搞人工造雾、人工造风、人工造雨呢？一条搞气象炸弹的思路明朗起来。通过对气象资料分析，东南亚地区西南季风强劲、多雨，使用降雨弹是可行的。也就是将飘过小道上空的雨云，用人工技术使其变成倾盆大雨，制造洪灾。

通过化学药剂进行人工降雨，在20世纪30年代就有了，

1930年荷兰气象学家维拉尔特就做过这类实验。他用飞机将1.5吨干冰碎块运到2500米高空，然后将其投撒在离机200米的云层中，还出动4架飞机在云层下监视，结果在8千米²范围内降落了丰沛的雨水。1940年，美国通用电器公司的化学家朗缪尔系统研究了人工降雨的机理，从分子结构角度研究了干冰及其他许多可用的人工降雨剂，为人工降雨提供了科学依据。

要制造降雨弹，还有许多技术问题待解决。一是要使用方便，用现有军事技术手段如飞机、火箭、气球即可投放；二是要成雨速度快，否则等投下弹形成雨时，雨云已飞走就失败了。最后确定在弹体内装入碘化银、干冰、硫化铜等分子结构与水相匹配的能成雨的物质，定时炸开将填充剂分散在雨云内，水蒸气快速凝结在降雨剂微粒上，造成降雨。为了追求多方面的效果，发明者还在降雨弹中掺入了有腐蚀性或致命的化学物质如各种落叶剂和毒物二恶英等，使人、畜、树木和设备在这种"化学雨"的浸淋中死亡和损坏，也就是从空中播种死亡。1971年6月，降雨弹问世了。美国人耗资2160万美元，连续出动了2600架次飞机，在"胡志明小道"地区投放降雨弹47 400多枚。的确造成了洪水，造成了落叶，而且造成长远的生态灾难，那里的妇女生下了许多畸胎，但这些并没有避免美国在越南战争的失败。

1995年在纪念反法西斯战争胜利50周年的时候，日本东京地铁内歹徒用小包装投放神经性毒剂沙林，制造了震惊世界的杀人事件。这类毒剂毒性大，制造工艺较简单，被称为"穷国原子弹"，曾在1984年被伊拉克用于与伊朗的战争，所以，近年来美国要求对伊拉克进行大规模杀伤性武器的核查。沙林和它的同类型毒物如塔崩、梭曼等多为含磷、氟、氰的有机酯类化合物，它们不溶于水，容易穿透皮肤的脂质层伤及神经系统。由于这类神经毒剂后遗症大，即尸体处理难度大，且极为残酷，形象污秽。20世纪60年代研制了失能性毒剂，1962年美国研发的毕兹是这类毒剂的代表。这是一种暂时使人的思维和运动机能发生障碍从而丧失战斗力的化学毒剂。由于它不致命，所以显得"人道"些，失去战斗力，放下武器束手就擒，对战胜方即施毒方在经济和政治两方面都"好"。这种毒物主要是通过呼吸道吸入，导致反应迟钝、昏睡、行动不稳、暂时痴呆等。20世纪70年代后期，又发展了双效失能毒剂，精神和躯体均迅速失能，旨在解除战场武装，使之从根本上失去警觉，但可保持装备的完好。

神经性毒剂的纯品都是无色透明、几乎无味，有一定挥发性但刺激较小的液体。对人及温血动物的致死量极低（每千克体重数十微克），因此，每升空气中如果含毒剂若干微克，吸入数分钟就会有强烈反应。为什么它们的毒性会如此强烈呢？这是由于这类毒剂可对传递神经信息的物质及有关引起神经活动的酶产生抑制作用。通常我们的肌肉的收缩与伸展是由神经递质或有关的酶与肌肉中的反应成分结合引起的，这种结合是可逆的；但如果其中某些成分被抑制，使神

经信息的传递功能丧失，这样肌肉就会僵化，不能进行正常新陈代谢，就会出现病变和各种毒象。

● 迷魂的化学毒品

100多年前，人们在大西洋上发现过一艘在海上悠悠飘流的船只，对旁边驶过的航船的旗语和礼炮没有回应，于是一些勇敢的海员决定冒险上船去看个究竟。结果发现船上救生艇一应俱全，船仓里宝石、黄金无一损失，餐桌上的食物吃得剩下一半，可是无人生存，也没有一具尸体，真怪，人到哪里去了呢？

后来，人们分析测试了吃剩的面包，发现其中的麦角酸含量很高，而麦角酸正是一种强烈的致幻剂。没有烤熟的面包、霉变的面粉容易感染麦角菌，分泌神经致毒物。这类致幻物能改变人的思维过程，在不扰乱中枢神经系统的情况下，可影响对空间和时间的知觉，引起视觉和触觉的异常。例如，对加热的油和迎面而来的机车都认为是不可怕的。麦角酸正是一种重要致幻剂，口服0.05毫克，只是针尖那么一丁点儿，就会产生情绪波动，丧失自我辨知能力。人们推测，那艘船上的船员们吃了面包中毒后，产生幻觉，感到只有海里才安全，于是他们集体跳海了。这提示人们，许多粮食作物必须充分煮熟才能食用，而且切忌霉变。

致幻药往往害人不浅

你看过《水浒传》及一些关于古代武打的小说吧，那里常描写着黑店主用"蒙汗药"迷倒旅客劫财，也有花贼用"迷魂香"熏人作案。如清代雍正时期的剑客白泰官就爱干这种事。这些"药"和"香"是一些神经性致幻剂。野荔枝的果仁、曼陀罗花都有强烈致幻作用，将它们用酒泡服，会迅速使人入眠。中毒严重时，能使人产生奇异幻觉，有经历过这种窘境的人说，先是看到无数奇异的昆虫铺天盖地而来，接着又见许多衣着艳丽的男女敲锣打鼓、载歌载舞欢迎和拉扯自己。

有些劫贼在登有时尚新闻的宣传品或新奇漂亮的纱巾上喷上大麻的提取汁，在向人显示时使对方致幻，身不由己交出钱财和家中钥匙及取款密码，如前些年北京街头出现的许多"拍花贼"就是这样。还有的偷渡客将这类致幻剂涂在假证件上，蒙过海关警员，让检查者相信自己的证件是真的。

例如曾报道过，一个持这类通行证的人要进机密大楼，不断说"证件是真的""证件是真的"，使守卫者受到暗示致幻相信"证件是真的"而让其混过。麦司卡林就是从一些野生植物如南美仙人掌枝叶中提取的强致幻剂，极易产生幻听、幻视，而且中毒时，头脑清晰；大麻叶中提出的活性成分大麻酚类衍生物有强烈干扰神经功能，用极低剂量（0.05~0.2毫克）就足以使吸入者迅速进入"迷幻"状态，有效时间可达8~16小时，特别适于特种作案（如盗窃机密材料，入室破坏等），其特点是不成瘾，可以破坏人的判断力但不使人丧失智力，平时寡言者都会滔滔健谈，且极易接受暗示，危害性极大。有的植物分泌出的生物碱中含有极少量的神经递质如乙酰胆碱，进入人体后可改变细胞膜的通透性，使其他物质特别是毒物更容易自由地穿透细胞膜，作用于神经，使其异常冲动。

近年来新发现市场上一种常见化学试剂水合三氯乙醛，是一种速效催眠药，价廉且极易购得，掺入酒或饮料中，能立即使服用者昏睡，被称为新型高效蒙汗药。其是低相对分子质量的单分子水合物，水溶性好，与生物体液如唾液、血液相容性极佳，易与体内的神经递质作用，导致大脑发出错误指令，发酒疯，效果比烈性酒还强，且不易被察觉。

兴奋剂是运动场上的幽灵，它指用于提高运动成绩的滥用药物。主要包括：刺激剂如麻黄素、苯丙胺，可短时间增强人的精神与体力；麻醉剂如冷杜丁、丙氧吩，可产生痛快感及心理亢奋，特别是降低痛觉，对持久的竞技项目如马拉松跑及力量型项目如拳击和举重有直接效果；阻断剂如美多心安、心的安，有镇静作用，有利于射击、射箭运动员稳定情绪、松弛神经。这些兴奋剂大多是一些生物碱，它们的引入破坏了运动的公平竞争原则，失去了体育比赛的根本意义，更重要的是损害了运动员的身体，败坏了体育的精神。我国体育界和政府坚决拒绝兴奋剂，从严惩治兴奋剂使用者，这不仅是提倡高尚的体育道德，而且也是推动全民健身活动的需要。

● 分子中的"美女蛇"

根据联合国有关公约规定，国际上管制使用和严厉打击的毒品主要有鸦片、吗啡、海洛因、可卡因、冰毒等成瘾物。目前，吸毒、贩毒已成为国际性问题，我国打击毒品活动形势也十分严峻，仅1995年我国公安机关破获毒品案件6万起，缴获鸦片1100千克、海洛因2400千克，全国开办强制戒毒所500多个，登记在册吸毒人员52万。调查表明，吸毒者中青少年所占比例达70%以上，低龄化趋势明显；吸毒的品种也由传统的鸦片向精制品海洛因或纯化学毒品如冰毒及混合毒品发展。

市场上有的餐馆为了招揽回头客，常在其特色食品中掺

入罂粟以增加美味，使食者产生快感。罂粟是一种开美丽红花的植物，鸦片的主要成分，就是由罂粟果实中的乳状汁液制成的，有镇静安眠效果，也是一种缓解剧痛的有效药物，但极易上瘾，因而成为毒品。一旦停用，就会产生"脱瘾症候群"，俗称鸦片烟瘾发作：焦虑、出汗、发抖、肌肉关节和腹部疼痛得在地下打滚，还发生惊厥和神经障碍，以致无法正常生活。为了消除这种症候，需要服用剂量更大、药效更强的毒物，主要有吗啡、海洛因等。一旦服毒，必然上瘾，而且很难消除，唯有防止第一次才是根本。

鸦片是25种生物碱的混合物，其中主要成分是罂粟碱，系异喹啉衍生物。吗啡存在于鸦片中，含量约10%，是缓解严重疼痛最有效的药物，其毒性和成瘾性比鸦片强10倍，对人的致死量为0.2~0.3克。海洛因是吗啡的二乙酰衍生物，吗啡用乙

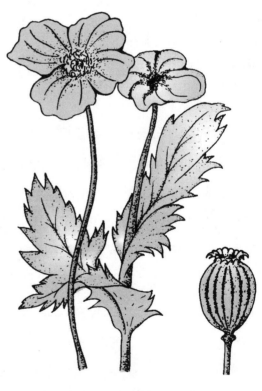

这就是臭名昭著的罂粟及其果实

酸酐处理即得，其毒性和成瘾性比吗啡更大，成本低而售价高。可卡因是从古柯树树叶中提取的一种药物，又名古柯碱，是莨菪烷型生物碱。20世纪90年代以来，出现了新型毒品"冰毒"，化学名称为甲基苯丙胺，毒性更强。

为什么鸦片吸入人体后会使人中毒特别是上瘾呢？实验证明，人脑存在内源性吗啡样活性物质，即脑啡肽。鸦片作为药物时即名阿片，进入体内后与脑啡肽结合。由于它们两者分子化学结构相似，相似者相亲，就像人类社会或某些动物界物以类聚、人以群分一样，大脑无法识别哪是原来存在的脑啡肽，哪是后来进入的鸦片"鬼"了。这样自然无法把吸入的鸦片通过新陈代谢排出去，而得让它在脑内模拟脑啡肽的作用，使人体格外欢快，非常地"适应"，"效果"极好。据说，旧时云南盛产大烟（即鸦片的俗称），许多军阀都用它来奖励士兵为其卖命，所以他们都有两杆枪：步枪和烟枪，而且枪法都很准。每当上阵时，就抽足鸦片，叫其过足鸦片烟瘾，然后愚昧地去冒险。

毒品进入人体特别是大脑后，会破坏神经指令和信息系统，使机体发生不正常的生理和化学变化，当神经细胞已适应吸毒后的较高毒品浓度时，对原来的正常浓度就不适应了，被迫增加吸毒次数和强度，这就是上瘾，以补偿在体内的代谢造成的毒品的"亏损"，引起人的体质进一步恶化。吸毒可以导致多种疾病，如造成血压降低、造血功能受损、呼吸减弱、肺炎，特别是免疫功能下降，也就是抵抗力降

低，为癌症和艾滋病打开方便之门。

易上瘾的毒品大都在低浓度时具有止痛、兴奋以及镇静的功效，其特点是起初引起快感、舒适，其"乐"无穷。而接受者往往是性格不平衡、情绪不稳定、欲望表现较强或处在某种异常烦恼状态下。他们寻求外界刺激以改变精神焦虑和消除紧张感，而毒品正好满足这一需要。对吸毒者的血液分析表明，由于血液中溶进了毒物，改变了大脑对刺激的反应，产生不过瘾的感觉，由最初的心理需要转变为后来的生理需要，跨过了危险的一步。所以戒毒应重在预防，而预防应强化人群的心理健康。

200多年来，我国人民对帝国主义者强加的鸦片等毒品进行了英勇的斗争。清乾隆三十八年，即1773年，英国开始通过印度向我国输入鸦片，到1840年终于爆发了鸦片战争。当时抵抗派的首领林则徐深感鸦片流行，不但吸食的人受害，而且使财富"漏向外洋"，所以必须视为严重问题。他上书朝廷，现存在中国历史博物馆中的林则徐的《奏疏》中指出："若犹泄泄视之，是使数十年后，中原几无可以御敌之兵，且无可以充饷之银。"当时的道光皇帝也很震惊，在这几句话下用红笔画了几道圈，决定派林则徐去广州禁烟。

1839年4月，林则徐收缴了英、美商人交出的鸦片2万多箱约1150吨，集中于广东虎门海滩当众销毁。销毁的方法是在海滩上挖池子，把鸦片浸泡在海水中，再投入石灰，使它沸腾起来，最后引潮水将这些可恶的"美女蛇"——鸦片冲入大海。有些外国商人看到了这个场面，都承认销毁工作确实做得很彻底，老百姓看了拍手称快。在贪污成风的清朝官场中，过去查禁鸦片不过是发财致富的手段，赃官们把收缴到的货物倒手卖大钱，而这次林则徐的销毁是动真格的，是一次非常突出的行动。

100多年后，1950年中华人民共和国成立之初，政府采取果断行动，彻底断绝了鸦片的来源，严惩了烟贩。直到今天，吸毒和贩卖也要受到法律的制裁。由于吸毒的首要动因是心理的失衡，因此，从小时候起，从黄金年龄的花季起，我们就要养成良好的习惯，培养健康的心理，远离毒品这个"美女蛇"。

九、分子中的明星

人们常把生活中有重大影响的人物称为"星",如影星、歌星、球星等,他们以自己的杰出成就成为社会关注的亮点。仿此,科学界也把那些有突出作用物质的分子推为明星分子。例如,美国《科学》杂志曾称一氧化氮为明星分子,因为从20世纪80年代末以来,一氧化氮在生理学及神经生物学中奇妙作用的一系列新发现,如它与血管扩张、免疫、记忆都有密切联系。此外,人们关注的物质分子还很多,如植物生长物质、在整个生命过程中作为细胞燃料的三磷酸腺苷(ATP)、有希望作为新能源的海底甲烷水合物(可燃冰)、各种超导材料、超分子化合物如冠醚和穴醚、对植物生命和哺乳类动物特别是与人类生命活动息息相关的叶绿素和血红素,还有化学反应的兴奋物质——自由基,它们都是分子中的明星。下面我们着重介绍一下神经递质和核糖核酸、昆虫信息素、顺铂、富勒烯(C_{60})的分子结构和它们的特定功能以及它们作为明星的光荣经历。

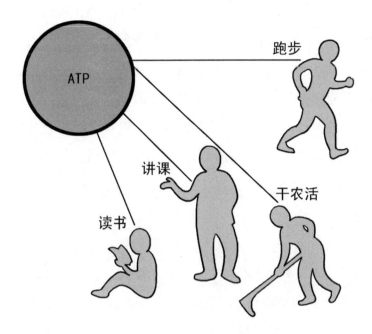

人一切活动的能量都是由ATP分子提供的

● 分子世界的明珠

　　从小学起，我们就知道圆的周长和圆的直径之比叫圆周率。尽管圆有大有小，直径有长有短，但是对于所有的圆来说，圆周率都相等。对于我们人来说，圆周率意味着什么呢？圆周率是一个无限不循环小数，到底有多少位，曾有人用各种方法计算过：16世纪算到35位，19世纪算到527位，

到1949年精确地算到了1120位小数，这是电脑出现前的最后成就。人们用这个位数来表征人类计算能力，也就是人类智慧的进展水平。有了电脑后，记录不断刷新，到1999年已被日本东京大学的数学家金田及其助手算到了2061亿位。这是人机大战时代的结果。人的智慧高度究竟如何呢？它受什么控制呢？人类怎样才能提高自己的水平呢？这是家庭、学校和社会普遍关注的，其实这正是我们所要研讨的智能分子问题。

很久以前，许多人认为人的活动受心的控制，"心之官则思""哀莫大于心死"。现代科学揭示，人的智能和心理是被大脑和神经组织支配的，主宰着我们的喜怒哀乐，因而在体内的功能可以说占有最高的地位，可是它总共不过占机体质量的2%。为什么大脑和神经组织有这么大的本事呢？2000年的诺贝尔生理学或医学奖授予了瑞典和美国的3位高龄药物化学家，以表明他们在大脑化学研究中的突破性发现、开创性贡献和奠基性成就。这3位科学家是瑞典的卡尔松、美国的格林加德和坎德尔。他们为什么会获得这100万美元的巨奖呢？瑞典皇家医学院的评奖委员会认为，他们发现了人类脑神经细胞间信号传递的一类化学物质，称为神经递质或神经信使，它们不仅传递信息，还能控制人体的运动，并在学习和记忆中起关键作用。他们的发现对理解大脑的正常功能以及信号传递中的紊乱如何引发神经或精神疾病至关重要。根据他们的发现，研制出治疗帕金森症的药物，还对研制治疗弱智及痴呆症的药物有非常重要的指导意义。他们的工作为人类智能研究开辟了光辉远景，对人类智能的改善影响更是深远。

这3位学者把他们半个多世纪的研究成果献给了大脑科学，表明这项研究的艰难，而在20世纪末的诺贝尔奖给予这个压轴主题，说明它的确重要。脑科学已成为生命科学的一座山峰，而有关的化学则是这个山峰上的大树，神经递质分子就成为大树上的珍果。诺贝尔奖授予的常常是初步的但有远大希望的成果，人们在征服宇宙取得重要进展之后才发现，科学上的首要难题还是人类自己，特别是自己的大脑。

大脑中到底有哪些物质有神奇的功能呢？大脑的组织主要含水分（78%）、蛋白质（占干固体物的38%~40%）和脂类（占干物的54%还多）以及灰分（即无机盐，主要是钾、磷酸盐和氯化物）。它们构成上千亿个神经系统的基本结构单位——神经元。它将存储的信息沿着轴突的主通道通过电脉冲将信息传输到其他细胞和身体的其他部位如手、脚等，这就是指令或神经冲动传导。每个神经元通过突触（即连接点）和其他神经元相联系。当信息（即外界刺激）达到突触时，会引发化学反应，从而完成人脑的"通信功能"，即实现信息的传递。

目前已知引发信息传递化学反应的物质即神经递质有100多种，它们是分子世界中最有传奇色彩的部分。前述3位诺贝尔奖得主研究的较多的是多巴胺，这是神经递质中的一

种。他们的研究证明，如果多巴胺分泌异常，有可能导致精神疾患，因而通过对多巴胺等的深入研究，有可能揭示出精神病的化学原因。其他主要的神经递质还有：乙酰胆碱，位于大脑中膈区，主管运动、记忆、醒觉、智能等功能；儿茶酚胺类，包括多巴胺、肾上腺素和去甲肾上腺素，位于脑干和下丘脑，与狂躁、激动、打架等行为有关；5-羟色胺，位于胃肠（占90％）和脑的整体（占1％），主要功能是促进消化、兴奋、血管收缩、睡眠、体温调节、性活动；脑啡肽，是一种化学结构类似于吗啡状的物质，有镇痛、愉悦、兴奋功能及全面精神效应，这是20世纪70年代才提取出来的。

● 信息与RNA

我们常说"眉头一皱，计上心来"。这里的"计"是指智能或智慧，"心"是指大脑，智能是指获取信息并加以运用的能力。人类通过五官传感器获得信息，其中视觉取得的信息占总信息量的83％，听觉得到的为11％。信息的化学表征是RNA（即核糖核酸），相当于大脑中的元件。也就是说，大脑每得到一个新信息，就生成一种新RNA，在大脑中就多存储了一个新元件。为了顺利生成RNA，人首先要有充分的营养和健康接受营养的能力。在各种影响因素中，微量元素铁及所有由铁生成的血红素在智慧的形成中起了重要作用；其次是食物的多样性，也就是杂食性和熟食，人类既能吃素，也能吃肉，而且能烹饪，因而可获取更多的氨基酸、磷脂等，制造更丰富的神经递质；人类通过使用语言、劳动及日常生活的习惯训练，强化了RNA的生成，使记忆得到发展，能保留得到的信息；然后，这些信息还被记录在基因里随DNA（脱氧核糖核酸）父传子、子传孙地遗传下来，并且不断丰富。这样，在"万类霜天竞自由"的严酷生存竞争中，人类作为智能生物的万物之灵，成为超优势的动物，雄居于生物发展的顶峰。

这些可爱的RNA，这些决定我们智能的神经递质分子究竟如何来发挥它们的作用呢？作为地球人，我们的一切活动和发展包括智力的发生和发挥作用，都离不开地球这个舞台。由于地球的自转和绕日运行，人类过着日出而作，日落而息的有节律的生活，体内各种神经递质的分泌时间也有一定的规律，叫作依时性。例如，早晨4:00，儿茶酚胺类物质分泌处于低谷，血压最低，脑部血流量少，人最疲劳；上午10:00，乙酰胆碱分泌多，记忆力好，学习效率高，学校最难的课程都安排在这段时间；中午12:00，胃液分泌多，与5-羟色胺的分泌有关，有利消化，所以午饭要吃好。这种节律客观性的化学基础，表明人有可能利用节律使自己的活动取得最佳的效果。每个人的节律并不完全相同，社会的公共规范只是就一般情况确定的，人们早就认识到，社会经济的一

切节约归结为时间的节约，所以早期实证科学的倡导者英国哲学家培根有一句名言：善于选择时间等于节约时间。现在看来，这是在推动我们探求神经递质分子的分泌规律。

人有节律的活动中最重要的一项是睡眠。过去认为睡眠只是利于缓解疲劳，1952年科学家们发现了有梦睡眠阶段后，人们才认识到它对智能发展的重要意义。人们观察到，这阶段入睡者的脑电图与醒时相同，而脑蛋白的合成增加，表明人把醒时得到的信息（RNA）储存在新合成的蛋白质上，并像电脑那样进行分类和整理，是人类学习也就是积累信息的必经阶段。有智能障碍的人，睡眠前口服适量神经递质5-羟色胺，能延长有梦睡眠阶段，并使病情好转，改善记忆力。

● 功能强大的信息素

信息素一词于1959年由德国科学家、1939年诺贝尔化学奖得主布特南德首先提出，它指能在昆虫间引起异性吸引、寻觅和求偶等一系列生理功能的物质，在害虫综合防治中具有广泛的应用前景。它特别有利于消除害虫对农药的抗药性、降低农药对环境的污染、提高作物产量，对农林业和生态改善都有巨大意义。

在生物界里，许多昆虫和形状各异的动物，有极灵敏的嗅觉，善于根据同伴散发出的特殊气味，寻找到自己的"新郎"或"新娘"。例如，一只雌蛾只需分泌0.1微克雌激素，远在数千米外的雄飞蛾就能嗅到气味，并循着它迅速飞来，相对于人类来说，这真是无异迢迢万里求亲了。印度尼西亚的一座岛上生活着科摩多龙，它长可达3米，体重可达130千克，是地球上最大的爬行动物，也是靠灵敏的嗅觉，从同类异性散发的气味中，找到相距数千米的伴侣的。这种异性相亲的巨大力量是由信息素赐予的。

昆虫信息素的研究与人类性激素研究有密切联系，布特南德正是性激素研究的权威，他是在获得诺贝尔奖后才转向研究昆虫激素的。爱情是文学作品的不衰主题，性爱的秘密是人们热心谈论和乐于窥伺的隐私，科学工作者则不倦地探求这种功能强大作用的物质原因，力图找到支配它的奥秘的化学分子。阉割作用在历史上早就观察到了并得到社会应用。阉牛与公牛之间、阉马与公马之间、阉鸡与公鸡之间、阉人与男人之间的差异太明显了，当然会引起人们的注意。起初，科学家们设想，阉割作用是因缺少某种物质引起的，这种物质可从睾丸中分泌出来。19世纪初正式提出了有关的内分泌说法，并把公鸡的睾丸移植到阉鸡体内使阉鸡重新变成外表正常的公鸡而得到证实。20世纪初提出了激素这个概念，20世纪20年代，美国芝加哥大学的科克取得了显著进展，他们从公鸡睾丸中提取到了一种物质，将其注射到阉鸡体内，会使雄性特征再现，特别是使鸡冠长得很大，这引起

了人们对此研究的巨大兴趣。

1929年，26岁的青年化学博士布特南德选择了性激素作为主攻方向。他注意到美国的科克只得到提取物，并没有分离出具体的化学物质，更没有确定其结构，所以摆在自己面前的任务是要提取、分离并纯化足够量的物质。那么找什么作原料呢？他首先想到了孕妇的尿，因为这种尿里一定排出了很多未来妈妈暂时用不着的雌激素。一想到一定能从这些尿中分离出这种新物质，他是多么高兴啊！他不嫌臭味，不怕麻烦地亲自去医院收集成吨的尿，然后关在实验室蒸发浓缩，用活性炭吸附。经过1年多的努力，布特南德终于从尿中提取出雌甾酮结晶。取得这项成果后，他又马不停蹄地从男子的尿中分离雄甾酮。他的工作十分辛苦，例如，为了得到15毫克雄甾酮，就需处理15吨尿。他还确定了这些极为难得的微量物质的化学结构，为后来进一步研究昆虫信息素奠定了坚实基础。

整个20世纪30年代，全世界科学界都在关注性激素的研究。在1939年得到诺贝尔化学奖以后，正在盛年的布特南德继续努力转而研究难度更大的昆虫性激素。经过20年的工作，他从50万头家蚕阴部性腺中提取、分离、纯化、鉴定了家蚕信息素的化学结构。这种信息素如今已能人工合成，但当初工作的艰辛可想而知。近30年来，已分离、鉴定了近千种昆虫信息素，这都是布特南德卓越工作推动的结果。从下面几种昆虫信息素在害虫防治中的应用，我们可窥见这一研究的意义和趣味。

蚜虫是一种分布范围广的大田作物害虫，它的信息素具有特殊的报警作用，又称蚜虫报警素。当蚜虫遇敌时，会由腹管分泌这种物质，使周围的同伴自动逃离危险区。蚜虫常栖息于植物叶的背面，普通的施药方法往往对它无效。如在农药中掺入适量报警素，就能将蚜虫调离原栖息处，增加农药的触杀机率，这样可减少常规农药用量约50％。

蚊虫信息素中的产卵素具有诱使蚊产卵的特性，可以据此进行蚊虫密集，在其集中区置杀孑孓剂，触杀幼虫，从而根治蚊虫。

棉铃虫性素可大量吸引棉铃虫，并可干扰其成虫交尾，以控制繁殖，从而实现防治。由于棉铃虫是世界性棉花害虫，且对常规农药有很强的抗药性。该信息素的运用是解除这一虫害的一项根本性措施。

小菜蛾是危害十字花科作物（如萝卜、白菜、油菜等）的重要害虫，对多种农药有抗药性。用它的信息素即小菜蛾性素可将其诱捕或使之迷向，防治效果甚好。据报道，在北京郊区白菜田内，用水盆诱捕器，一昼夜每盆可诱蛾2000多只，数日即可根治。

现在信息素已不限于性激素，还包括影响昆虫行为的各类化合物如拒食剂、脱皮素等。拒食剂是能影响昆虫取食行为的化合物，已发现它对蚜虫、黏虫、小菜蛾等多种害虫有效，例如在大田喷洒试验中，防治蚜虫效果达96％。

有意思的是，将这些信息素提取后，在人工合成中还可以对其结构进行修改，在分子中引入新的活性基团，效果更好。例如蚊虫产卵素的三氟化合物，活性优于其原来的天然物，从而开辟了更广阔的研究天地和更大的应用潜力。

● 抗癌明星的发现

近30年来，人们发现一种新的抗癌药物对某些常见癌症的治愈率很高：睾丸癌，85％；肺癌，80％；子宫癌，40％~60％，并可长期缓解；对颈部癌、膀胱癌、前列腺癌、脑癌等都十分有效。这种抗癌药就是顺铂，化学名称为顺式二氯二氨合铂。目前，顺铂在国内外市场非常走俏。在美国，它已成为首选抗癌药物，最为畅销。

那么，顺铂的抗癌功能是怎样被发现的呢？说来颇为有趣且发人深省。1965年的一天，美国密执根大学的罗森伯格博士和同事们在做一个关于电场对细菌影响的实验。他们选用大肠杆菌作为研究对象，首先将其放入一种"C"介质培养液（由氯化铵、磷酸钠等组成）中，鼓入压缩空气（供细菌呼吸之用），然后在培养室中插入两个半圆柱形的惰性金属铂电极，接上频率为50~100000赫的交流电源。实验开始了，当频率为1000赫的交流电加在电极两端，通2安的电流2小时后，怪事发生了：在显微镜下观察到培养液中的大肠杆菌疯狂伸长，菌体变成丝状，其长度竟然为正常细菌的300倍，但细菌个数并未增加。也就是说菌体并未发生分裂，它们的繁殖受到了抑制，但细菌的生长却被促进了。这是怎么回事呢？

培养液是细菌的粮食，繁殖是细菌的本能，按常规，在培养时细菌会很快繁殖成一大片，如今，在电场的作用下，细菌竟然不繁殖了。这真是一件怪事，大大的怪事！为了防止一切偶然和意外，他们一再重复了实验。当事实被确证以后，博士们就琢磨，到底是什么因素促使细菌不分裂却使菌体畸形疯长呢？在以往的细菌培养研究中，也曾观察到许多因素如紫外光照射，培养液温度、酸度、组成等的改变，都会影响菌体生长。他们耐心地一个个因素改变和综合改变几个因素，都未找到原因。他们没有忘记鼓入空气的影响，问题正是出在这里，如果不鼓入空气而是通入惰性的氦气和氮气，就得到相反的结果，也就是细菌又可分裂了。这就说明，抑制大肠杆菌分裂需要有氧化性的环境。

那么，这种氧化物究竟是什么呢？博士们开动脑筋，他们想出了在这个实验中各种可能出现的氧化性物质，并一一加以检测，但均未成功。而且他们还向培养液加入这类可能的氧化性成分，试图激起菌体的异常生长，但奇迹并未发生。科学需要顽强和耐心，一个真正的科学工作者总是要设法洞察事物的奥秘。

罗森伯格和他的伙伴们把目光投向了"C"培养液，也

就是细菌的"粮食"，这应该是一切可能因素的大本营。他们把其中的各种化学组分单个或几个组合在一起分别进行电解，但仍检测不出有关的可能氧化性成分。这时，他们想到会不会是本来惰性的铂电极参加了氧化反应。这的确是一个大胆的假设。因为铂素以惰性出名，在通常条件下，铂从不参与酸、碱和氧化还原反应。要不是因为它是惰性的，谁会用它作电极呢？但从化学理论，特别是一类化合物即络合物形成的角度看，电解的确可使单金属铂氧化成铂氨化合物。

实验证实，在上述通电条件下2小时，培养液中的确可以检测到相当数量的氯铂氨化合物。同时，如在培养液中加入这种铂化合物，即使不电解，也能促使大肠杆菌丝状生长。至此，抑制大肠杆菌分裂的真相终于浮出水面，原来是化学惰性的铂生成了具有生物活性的铂化合物。会看的看门道，这个发现的重要意义还在后头呢！

以后又发现，此电解反应的最终产物，顺式二氯二氨合铂是主要生物活性物质。顺铂能抑制大肠杆菌分裂的特性，很自然使他们联想到它能否抑制癌细胞的分裂，从而使无法控制的癌扩散停止呢？敏感加勤奋是所有成功者的秘诀。罗森伯格旋即将顺铂及好几个结构类似的化合物植入老鼠体内的实体瘤和白血瘤进行观察，结果真是令人鼓舞！动物体内的肿瘤受到顺铂的抑制，6个月后，有的肿瘤甚至完全消失。博士们在这些结果被一再确证后，及时在英国《自然》杂志上公布了，举世为之惊喜。

顺铂以其分子结构的简明和功能的特异性，为在分子水平上研究抗癌药物的作用机制提供了一个绝好的样板。由于许多有名的药物诸如：1909年治疗梅毒成功的606，即洒尔佛散或肿凡纳明，1912年的914，即新洒尔佛散，都有砷的苯环化学结构；1935年开发的磺胺药百浪多息；20世纪50年代风行的可的松；以及金霉素、维生素等都是分子结构颇为复杂的有机物。人们对顺铂这种无机药物就更为好奇了。为什么顺铂会有此奇效呢？进一步的研究表明，顺铂的抗癌活性是由于它和肿瘤细胞DNA分子的结合，破坏了DNA的复制，从而抑制了肿瘤细胞的分裂和繁殖。另外为何顺式有抗

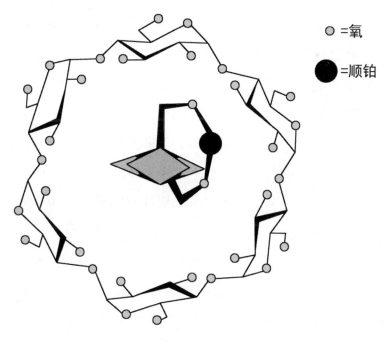

○ =氧

● =顺铂

钻入癌细胞中的顺铂分子

癌活性而反式却无呢？深入的观察说明，顺式不太多地改变DNA的结构，其双螺旋构架仍然保持着，不易被DNA修复酶识别，从而"骗"过去了，不予修复，故使癌的DNA中毒；而反式则使DNA双螺旋结构严重变形，因而易被DNA修复酶辨认，并进行修复，从而丧失对癌细胞的毒性。

● 分子中的"足球"之星

1996年科学界的一大盛事是当年的诺贝尔化学奖授予了美国赖斯大学教授斯莫利和科尔以及英国萨塞克斯大学教授克罗托，以表彰他们于1985年共同发现的分子结构酷似英式足球的以C_{60}为代表的一系列被称为富勒烯（又称为足球烯）的碳原子簇化合物。他们的工作是两个世纪以来碳化学研究的新发展和重大突破。

由于1955年美国通用电器公司制备人造金刚石取得成功，说明只要改变石墨中的碳原子的排列方式，就可以实现分子结构的转变，达到改变物质性质的目的。30年后，斯莫利等3位科学家用当代的新手段激光照射石墨，又获得了一种全新的分子。经过准确的鉴定，这种新分子是由60个碳原子组成的，可用C_{60}表示。在此之前，人们只知道碳原子组成金刚石、石墨和无定形碳（如木炭、活性炭等），从未有人发现过这种新物质。另一个重要信息是C_{60}

分子异常稳定，比最硬且耐磨的金刚石和最耐高温和抗腐蚀因而常用作坩埚和电极的石墨都稳定。

C_{60}的结构究竟怎样确定呢？这是一个难题，用以往些老方法，及最现代化的方法都未能奏效。这3位科学家从稳定性入手，他们想，在什么情况下，晶体中的原子才不易与其他原子发生化学反应呢？那就是边缘上的碳原子不存在向外伸出能拉外界物质的"手"，也就是说，这种特殊稳定的化合物的分子必须具有一种封闭的笼形结构。在这种结构中，组成分子的原子全都手拉手地连接起来，不再有余力去与其他物质的原子拉手，才能使分子达到稳定状态。为了构筑C_{60}的分子模型，这几位科学家想到了几何学上的多面体，特别是正二十面体，将它的顶角平截，终于得到了有60个顶点的笼形。这个笼形由12块正五边形和20块正六边形的三十二面体构成，这与英式足球的模样完全相同，因此得到了"足球烯"的雅号。但它的正式名称是富勒烯，因为这种结构是受到美国著名建筑学家富勒的设计思想的启发而提出的。富勒以设计1967年建成的位于加拿大蒙特利尔市的万国博览会的美国馆的多面体穹窿形建筑物而闻名。

C_{60}出现后，马上受到科学界的特别关注，掀起了一股"足球烯"热。自1991年以来，每年发表的有关论文由几百篇上升到1000篇左右。1993年，美国专利局收到的有关富勒烯材料的专利申请竟然超过了其他材料的总和。首

先，它成了超导新星，1991年美国贝尔实验室将C_{60}和钾蒸气作用，得到很好的超导体；已经将它制成了优秀的储氢材料，也能在较低压下储存氧气，制成方便的富氧装置；用C_{60}薄膜作为基质材料，制成电传感器特别是气敏元件，用来监测多种有害气体；将C_{60}添加到许多合金中，可大大增加其硬度和导电率；它可大大提高许多贵金属的催化活性；在医学上C_{60}也有许多妙用，如将肿瘤细胞的抗体附在C_{60}分子上，有助于破坏肿瘤细胞，还可充当抑制人体免疫

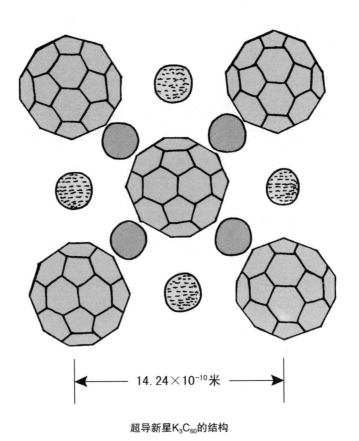

超导新星K_3C_{60}的结构

缺损蛋白酶的自由基清除剂，解决防治艾滋病的关键问题。这一切都与C_{60}的多面体结构有关。例如，碱金属钾原子可钻进C_{60}的空心球中，形成K_3C_{60}的结构；氢原了可以把C_{60}中的碳碳双键打开形成$C_{60}H_{60}$型分子等。